ARBEITSGEMEINSCHAFT FÜR FORSCHUNG DES LANDES NORDRHEIN-WESTFALEN

NATUR-, INGENIEUR- UND GESELLSCHAFTSWISSENSCHAFTEN

116. SITZUNG
AM 6. JUNI 1962
IN DÜSSELDORF

ARBEITSGEMEINSCHAFT FÜR FORSCHUNG
DES LANDES NORDRHEIN-WESTFALEN

NATUR-, INGENIEUR- UND GESELLSCHAFTSWISSENSCHAFTEN

HEFT 126

HELMUT WINTERHAGER

Vakuum-Metallurgie
auf dem Gebiet der Nichteisen-Metalle

RUDOLF SPOLDERS

Anwendung der Vakuumbehandlung
bei der Stahlerzeugung

HERAUSGEGEBEN
IM AUFTRAGE DES MINISTERPRÄSIDENTEN Dr. FRANZ MEYERS
VON STAATSSEKRETÄR PROFESSOR Dr. h. c., Dr. E. h. LEO BRANDT

HELMUT WINTERHAGER

Vakuum-Metallurgie auf dem Gebiet der Nichteisen-Metalle

RUDOLF SPOLDERS

Anwendung der Vakuumbehandlung bei der Stahlerzeugung

SPRINGER FACHMEDIEN WIESBADEN GMBH

1964 by Springer Fachmedien Wiesbaden
Ursprünglich erschienen bei Westdeutscher Verlag, Köln und Opladen 1964

ISBN 978-3-663-01066-1   ISBN 978-3-663-02979-3 (eBook)
DOI 10.1007/978-3-663-02979-3

INHALT

Diskussionsbeiträge

Vakuum-Metallurgie
auf dem Gebiet der Nichteisen-Metalle

Von *Helmut Winterhager*, Aachen

1. *Abgrenzung des Begriffes „Vakuum-Metallurgie"*

Der Begriff „Vakuum-Metallurgie" setzt sich aus zwei Begriffen zusammen, die in ihrer Kombination ein Arbeitsgebiet kennzeichnen, das für die Entwicklung der modernen Technik von so großer Bedeutung geworden ist, daß man ohne Übertreibung sagen kann, daß weder die Erfolge der Kerntechnik noch die Erfolge der Raumfahrttechnik ohne die Entwicklung der Vakuum-Metallurgie möglich geworden wären.

Der Begriff „Vakuum" ist nach der Erläuterung im Physikalischen Wörterbuch von W. H. Westphal[1] ein Bereich, in dem ein Gasdruck herrscht, der kleiner als der Atmosphärendruck (760 Torr) ist. Je nach dem Druck unterscheidet man zwischen Grobvakuum (760–1 Torr), Feinvakuum (1–10^{-3} Torr) und Hochvakuum (unter 10^{-3} Torr). Die Grenze zum Hochvakuum ist gegeben, wenn mit abnehmendem Druck schließlich die mittlere freie Weglänge der Gasmoleküle größer wird als der Abstand zwischen den Wänden des Behälters und sich mehr Gasmoleküle in adsorbiertem Zustand auf den Wänden des Vakuumbehälters befinden, als sich im freien Raum zwischen seinen Wänden bewegen. In der *Vakuum*technik hat man es also vorwiegend mit den Vorgängen im Gasraum zu tun, in der *Hoch*vakuumtechnik mit den Vorgängen an den Wänden. Diese Erläuterung des Begriffes „Vakuum" wurde 1952 gegeben. In den 10 Jahren, die seither verflossen sind, sind auch in der Vakuumtechnik wesentliche Fortschritte von der empirischen Behandlung der Probleme zur quantitativen Bearbeitung im Sinne der Entwicklung zu einer technischen Wissenschaft des Vakuums gemacht worden. Die Einführung des Ionisationsmanometers nach Bayard und Alpert zum Messen sehr niedriger Gasdrücke hat die quantitative Erforschung eines Druckgebietes erfaßt, das Drücke unterhalb 10^{-7} Torr umfaßt, ein Gebiet, dem man die Bezeichnung „Ultrahochvakuum" gegeben hat. Auf diesem Gebiet ist man inzwischen bis

---

[1] *Westphal, W. H.*, Physikalisches Wörterbuch, Springer-Verlag, Berlin, Göttingen, Heidelberg (1952).

zu 10^{-16} Torr gekommen und sieht sich der ernsten Schwierigkeit gegenüber, neue Meßmethoden entwickeln zu müssen, da der Restgasgehalt bei diesem extremen Ultrahochvakuum so gering ist, daß nur noch einige Hundert Gasmolekeln sich in einem Liter befinden, so daß die Gesetze der kinetischen Gastheorie, auf der die Meßmethoden beruhen, nicht mehr anwendbar sind. Die zweite Komponente des Begriffs „Vakuum-Metallurgie", die Metallurgie also, umfaßt wiederum eine ganze Reihe von Arbeitsgebieten, stellt also einen Sammelbegriff dar. Abgesehen von der historisch und wirtschaftlich bedingten Spaltung in Eisenhüttenwesen und Metallhüttenwesen, also der „Metallurgie des Eisens" und der „Metallurgie der Nichteisenmetalle", pflegt man für beide eine Unterteilung zu machen, die besonders im angelsächsischen System ausgeprägt ist durch die Begriffe:

„extractive metallurgy"   =   Verhüttung von Rohstoffen zum metallischen Hüttenprodukt

„fabrication metallurgy"   =   Schmelz-, Legierungs- und Gießverfahren, Bildsame Formgebung durch Schmieden, Walzen, Pressen, Ziehen

„metal working"   =   Metallbearbeitung durch „spanende Formgebung" und „Umformen", Schweißen, Schneiden, Spritzen

„physical metallurgy"   =   Metallkunde und Metallphysik, Untersuchung der physikalischen Eigenschaften, der Strukturen und des technischen Verhaltens von Metallen und Legierungen

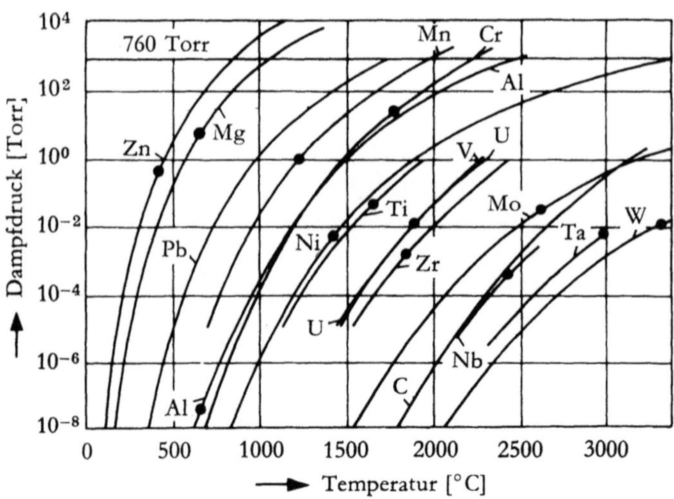

Abb. 1: Dampfdruckkurven von verschiedenen Metallen

Die „Vakuum-Metallurgie" beschränkt sich heute in bezug auf das Vakuum auf den Druckbereich von 760 Torr bis etwa 10^{-6} Torr, so daß das Gebiet des Ultrahochvakuums, das allerdings für die Darstellung reinster Metalle interessant ist, unberücksichtigt bleiben kann.

Von den metallurgischen Verfahren, die im Vakuum durchgeführt werden, sollen hier insbesondere die Metallgewinnung und -Raffination betrachtet werden, einschließlich der Schmelz-, Legierungs- und Gießverfahren, die entscheidende Impulse für ihre Entwicklung aus den Werkstoff-Forderungen der Kerntechnik und der Raumfahrttechnik erhalten haben.

2. *Physikalisch-Chemische Grundlagen*

2.1 *Metall – Gas – Gleichgewichte*
2.11 *Gleichgewichte Metall flüssig – Metall gasförmig*

Abb. 1 gibt die Dampfdruckkurven für eine Reihe von Metallen wieder, die für die Vakuummetallurgie von besonderer Bedeutung sind. Die Dampfdruckkurven sind von der allgemeinen Form:

$$\log p = A - \frac{B}{T}$$

wobei A und B Konstanten sind. Die Schmelztemperaturen der Metalle sind durch Kreise gekennzeichnet. Aus diesen Dampfdruckkurven kann man einige für die Vakuummetallurgie wichtige Eigenschaften der Metalle ablesen.

a) Als Werkstoffe für hohe Temperaturen im Vakuum sind besonders geeignet: Wolfram, Tantal, Niob, Molybdän und Grafit. Auch die hochschmelzenden Metalle der Platingruppe, Ruthenium, Iridium und Osmium liegen im gleichen Dampfdruckbereich.

b) Für das Schmelzen im Feinvakuum- und Hochvakuumbereich ergeben sich große Schwierigkeiten, wenn der Metalldampfdruck in der gleichen Größenordnung liegt wie der Druck im Vakuumschmelzgefäß, das ist z. B. bei Chrom-Metall und Manganmetall der Fall.

c) Für die destillative Trennung von Metallen scheinen besonders Metallgemische geeignet, deren Partner stark unterschiedliche Dampfdrucke aufweisen, z. B. Zink-Blei, Mangan-Eisen. Allerdings ist für die Trennmöglichkeit nicht allein der Unterschied zwischen den Dampfdrucken der reinen Komponenten maßgebend, vielmehr müssen die Aktivitäten der Komponenten in der Mischphase berücksichtigt werden. Durch Verbindungsbildung oder Entmischungsneigung im flüssigen Zustand der Legierungen ergeben sich starke Abweichungen vom idealen Verhalten, die natürlich auch bei den „Fugazitäten" der Komponenten in der Gasphase zum Ausdruck kommen.

Der Zusammenhang zwischen Zusammensetzung der Schmelze und der Gasphase sei am Beispiel der destillativen Zinktrennung vom Blei gezeigt, die in der Praxis heute fast allgemein im Vakuum vorgenommen wird.

Abb. 2 zeigt nach Untersuchungen von A. Lange und L. Müller[2] die Beziehungen zwischen Zusammensetzung der Legierung und Zusammensetzung der Gasphase im System Pb-Zn. Technisch interessant ist hier der Konzentrationsbereich vom reinen Blei bis zu Gehalten von 0,6 % Zink. Für die

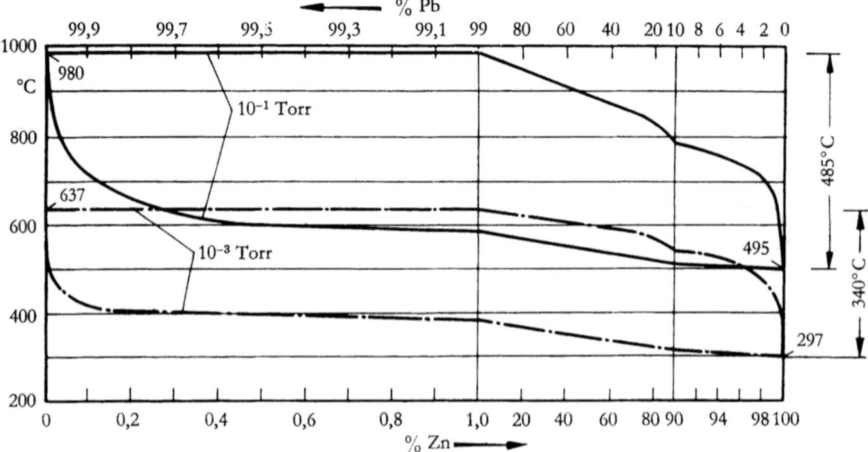

Abb. 2: Verdampfungs- und Taupunktkurve für Pb-Zn-Legierungen
(nach A. Lange und L. Müller)

Drücke von 10^{-1} Torr und 10^{-3} Torr ist jeweils ein Kurvenpaar gezeichnet, von denen die untere Kurve die Zusammensetzung der Legierung als Bodenkörper, die obere Kurve die Zusammensetzung der Gasphase angibt. Um das Blei bis auf 99,8 % zu bringen, genügen bei einem Druck von 10^{-3} Torr Temperaturen von 400° C, wobei reines Zink abdestilliert, während bei einem Druck von 10^{-1} Torr Temperaturen von 650° C zur Aufrechterhaltung des Siedens nötig sind und das übergehende Zink 1 % Blei enthält.

Die Möglichkeit der Beeinflussung der Aktivität der Komponenten einer metallischen Mischphase durch Zusätze kann natürlich dazu benutzt werden, den Effekt der destillativen Trennung zu verbessern. So läßt sich aus Ferro-

---

[2] *Lange, A. – L. Müller,* Entzinkung von Parkes Blei im Vakuum, Metallkundliche Berichte, VEB-Verlag Technik, Berlin (1952).

mangan reines Manganmetall mit guter Ausbeute im Vakuum abdestillieren, wenn man Silizium zusetzt und das Eisen als Eisensilizid abbindet. Rein formal könnte man diese Reaktion schreiben:

$$(Fe_x Mn) + y(Si) \rightarrow (Fe_x Si_y) + (Mn),$$

wobei die Erhöhung der Manganaktivität durch die große Bildungsenthalpie des Eisensilizids bewirkt wird.

Zu diesem Reaktionstypus gehört sinngemäß auch die Gewinnung des Magnesiums aus Magnesit oder Dolomit über die Gasphase durch Reduktion mit Silizium, ein Verfahren, das im Vakuum großtechnisch ausgeführt wird.
Die Reaktion

$$2 <CaO \cdot MgO> + <Si> = 2\,(Mg) + <Ca_2\,SiO_4>$$

hat die Gleichgewichtskonstante $K_p = p^2{}_{Mg}$

$$\log p_{Mg} = -\frac{\triangle G}{2 \cdot 4,57 \cdot T} + 2,88$$

(nach Kubaschewski und Evans)[3]
kennzeichnet die Beziehung des Magnesiumdrucks zur Temperatur.

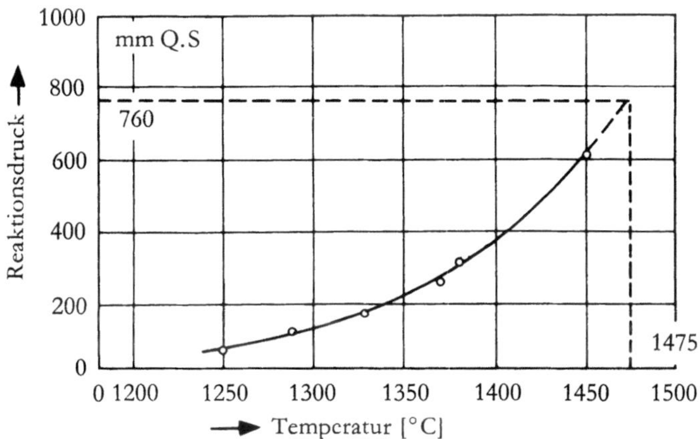

Abb. 3: Reaktionsdruckkurve der Reaktion
$$2 <CaO \cdot MgO> + <Si> = 2\,(Mg) + <Ca_2\,SiO_4>$$

[3] *Kubaschewski, O., – E. Ll. Evans*, Metallurgische Thermochemie, VEB-Verlag Technik, Berlin (1959).

Die gemessenen Drücke weichen etwas von der Rechnung ab. *Abb. 3* zeigt die Ergebnisse nach Brettschneider und Schneider[4]. Um bei Atmosphärendruck die Reaktion zu Ende führen zu können, sind Temperaturen von 1475° C erforderlich, arbeitet man dagegen im Grobvakuum bei 5–10 Torr, so kann die Temperatur auf unter 1200° C gesenkt werden. Da das Magnesium kurz oberhalb seines Schmelzpunktes einen Dampfdruck von 2 Torr aufweist, sind natürlich bei der Kondensation im Vakuum besondere Vorsichtsmaßnahmen zu treffen, um wenigstens den größten Teil flüssig abscheiden zu können.

2.12 *Löslichkeit von Gasen in Metallen*

Einer der wesentlichsten Vorteile der Vakuumbehandlung von Metallen und Legierungen ist darin zu sehen, daß der schädliche Einfluß, den Gase in Metallen ausüben können, eliminiert wird durch die Vakuumbehandlung. Wasserstoff, Sauerstoff und Stickstoff bilden zum Teil echte Lösungen mit vielen Metallen, bilden aber auch, vor allem bei höheren Konzentrationen, Hydrid-, Oxyd- und Nitridphasen, die meist eine begrenzte, temperaturabhängige Löslichkeit im Grundmetall aufweisen. Sie verschlechtern die mechanischen Eigenschaften der metallischen Werkstoffe und führen oft – durch Alterungserscheinungen bedingt – zu schweren Schäden an Maschinen und Konstruktionen. Da die Löslichkeit der Gase in Metallen vielfach dem Sievertschen Quadratwurzelgesetz folgt:

$$\text{z. Beispiel } [\% \, \text{N}]_{\text{gelöst}} = K \sqrt{p_{N_2}}$$

ist durch die Druckerniedrigung, also durch Glühen oder Schmelzen im Vakuum, eine entsprechende Verminderung des Gasgehaltes zu erreichen. Führt man die Vakuumbehandlung bei 8 Torr durch, so würde der gegenüber Atmosphärendruck noch im Gleichgewicht befindliche Restgasgehalt auf den zehnten Teil sinken.

Ein sehr instruktives Beispiel ist die Reduzierung des Wasserstoffgehaltes im Eisen durch Vakuumbehandlung, wie es in *Abb. 4* dargestellt ist[5]. Bei Normaldruck beträgt die H_2-Löslichkeit im flüssigen Eisen etwa 30 ml/100 g Metall, führt man die Entgasung bei 3 Torr bis 20 Torr durch, so ergeben sich Wasserstoffgehalte im vergossenen Stahl, die zwischen 1,5 und 3 ml/100 g betragen, wie es theoretisch zu erwarten ist.

[4] *Brettschneider, O. – Schneider,* DBP 1023 233, DAS 1024 492, DBP 1 028 789, Knapsack-Griesheim.

[5] *Diels, K. – R. Jaeckel,* Leybold Vakuum-Taschenbuch, Springer-Verlag, Berlin, Göttingen, Heidelberg (1958), S. 106.

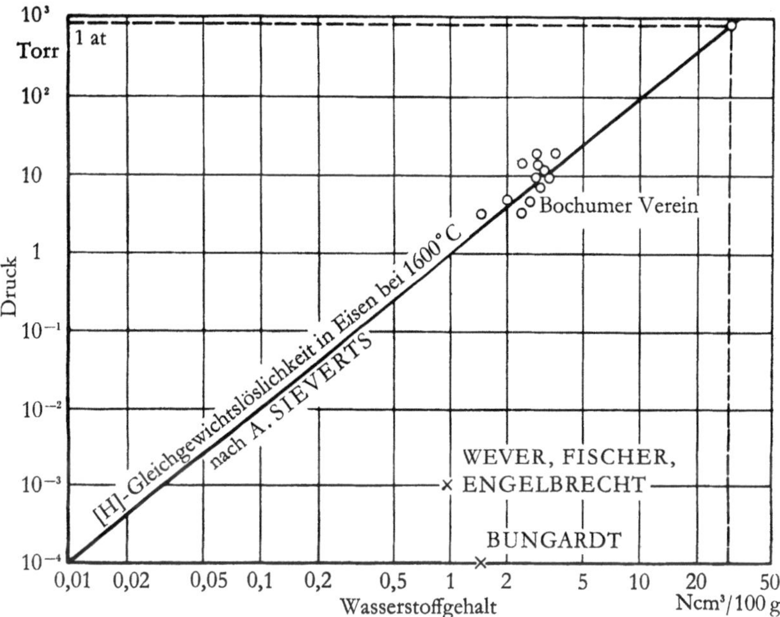

Abb. 4: Druckabhängigkeit des Wasserstoffgehalts im Eisen (nach Tix)

2.13 Metall-Sauerstoff

Die Sauerstoffdrucke der Metalloxyde stehen mit der Bildungsenthalpie $\triangle G°$ und der Temperatur über die Gleichgewichtskonstante in der bekannten Beziehung $\triangle G° = -RT \ln K_p$
wobei K_p für die Reaktion

$$2\,MeO \rightleftharpoons 2\,Me + O_2$$

gleich dem Sauerstoffdruck ist:

$$K_p = p_{O_2}$$

$$\triangle G° = -4{,}574 \cdot T \log p_{O_2}$$

Die Sauerstoffdrucke der meisten Metalle liegen aber so niedrig, daß man die theoretisch bestehende Möglichkeit der thermischen Spaltung der Oxyde im Vakuum nicht nutzen kann, um reine oxydfreie Metalle zu erhalten.

Abb. 5 zeigt die Verhältnisse beim Kupfer. Cu_2O wird bei 1200° C zwar bei einem Vakuum von 10^{-2} Torr thermisch zersetzt, das entstehende Kupfer ist aber stark sauerstoffhaltig. Selbst bei 10^{-5} Torr bleibt noch etwa 1 % O_2 gelöst im Kupfer, und bei diesem Vakuum wären Temperaturen von 1500° C

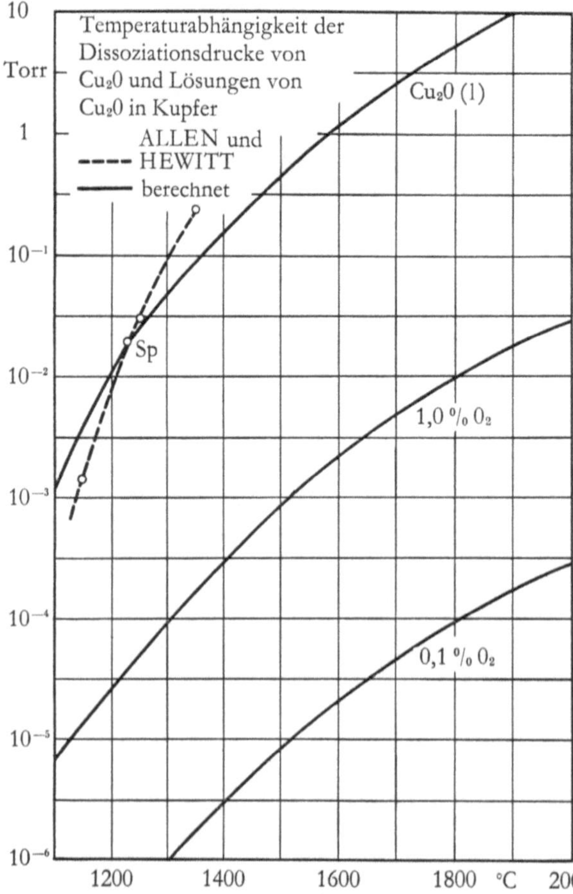

Abb. 5:
Sauerstoffdruck
von Kupferoxydul
und
O_2-haltigem Kupfer

erforderlich, um den Sauerstoffgehalt auf 0,1 % zu senken. Bei dieser Temperatur beträgt aber der Dampfdruck des Kupfers schon 10^{-1} Torr, es würde also selbst verflüchtigt werden.

Will man also den Sauerstoffgehalt senken, so wird man eine zusätzliche Reaktion einschalten, die möglichst ein gasförmiges Reaktionsprodukt liefert, in welchem der Sauerstoff aus dem System entfernt wird.

In vielen Fällen eignet sich Kohlenstoff als Reduktionsmittel. Die Gleichgewichtskonstante für die Reaktion

$$MeO + C \rightleftharpoons Me + CO$$

ist gegeben durch

$$K = \frac{p_{CO}}{[C] \cdot [O]}$$

wobei für [C] und [O] die Aktivitäten von Kohlenstoff und Sauerstoff einzusetzen sind. Druckverminderung bewirkt eine Verminderung des Sauerstoffgehaltes.

So lassen sich im Vakuum auch hochschmelzende und reaktionsfähige Metalle, wie zum Beispiel Niob und Tantal in fester Phase aus ihren reinen Oxyden und reinem, aschefreiem Kohlenstoff gewinnen. Es ist allerdings schwierig, den Sauerstoffgehalt und den Kohlenstoffgehalt im Reaktionsprodukt gleichzeitig auf den zulässigen Gehalt abzusenken.

Umgekehrt lassen sich einige kohlenstoffhaltige Metalle im Vakuum durch Oxyde entkohlen. So wird von der Edelstahlindustrie ein Ferro-Chrom mit möglichst tiefem C-Gehalt (unter 0,01 % C) zur Herstellung rost- und säurebeständiger Stähle verlangt. In Amerika wurde ein Verfahren entwickelt, bei dem pulverisiertes FeCr mit ca. 6 % C mit oxydiertem Ferro-Chrom, also eine Art künstlichem Chromspinell, gemischt und brikettiert in großen Vakuumöfen bei Temperaturen unterhalb des Schmelzpunktes geglüht wird, wobei die Reaktion zwischen Karbiden und Oxyden unter CO-Entbindung zu einem gesinterten Ferro-Chrom mit dem gewünschten tiefen C-Gehalt führt. Andererseits läßt sich auch im Vakuumschmelzofen, ausgehend von Ferro-Chrom mit etwa 0,1 % C, durch dosierte Oxydzugabe ein durchgeschmolzenes Ferrochrom mit dem gleichen niedrigen C-Gehalt erschmelzen.

Der Sauerstoffgehalt der Metalle beim Schmelzen im Vakuum wird auch durch Reaktionen mit dem Tiegelmaterial stark beeinflußt. Sehr reaktionsfähige Metalle, wie Titan, Zirkon, Vanadin, reagieren mit den feuerfesten Oxyden, es erfolgt eine Reduktion bis zur Gleichgewichtseinstellung mit dem Ergebnis, daß sowohl der Sauerstoffgehalt sich erhöht als auch Metall aus dem Oxyd des Tiegelmaterials von der Schmelze aufgenommen wird. Man muß daher diese Metalle so schmelzen, daß keine Reaktion mit dem Tiegelmaterial möglich ist. Begünstigt werden die Reaktionen mit dem Tiegelmaterial immer, wenn sich gasförmige Reaktionsprodukte bilden, etwa Magnesium aus MgO, wobei auch instabile flüchtige Verbindungen, wie AlO und SiO, eine Rolle spielen können. Solche Subverbindungen spielen insbesondere bei den Metallreaktionen mit Halogenen eine große Rolle.

2.14 *Metall und Halogene*

Als Beispiele für die Anwendung vakuummetallurgischer Verfahren bei der Reaktion von Metallen mit Halogenen möchte ich hier auf zwei wichtige, auch technisch interessante Verfahren hinweisen, die beide noch in der Entwicklung begriffen sind.

Das erste Beispiel betrifft die Gewinnung des Aluminiums über Aluminiumsubhalogenide. Aus Aluminium und einer Reihe seiner dreiwertigen Verbindungen bilden sich bei höheren Temperaturen ein- bzw. zweiwertige Subverbindungen, die nur im gasförmigen Zustand stabil sind und bei fallender Temperatur in metallisches Aluminium und die entsprechende dreiwertige Verbindung disproportionieren. Die entsprechenden Gleichgewichte sind druckabhängig, und die Durchführung der Prozesse im Vakuum bringt erhebliche Vorteile.

Abb. 6 zeigt den berechneten Umsetzungsgrad für die Subchloridreaktion nach P. Weiß.

Ein Vergleich der Umsatzkurven bei 1000° C zeigt, daß bei einem Druck von 1 at der Umsetzungsgrad selbst bei reinem Al noch keine 50 % erreicht, daß aber bei 0,1 at selbst bei Verminderung der Al-Aktivität auf 0,5 der Umsetzungsgrad noch 95 % beträgt und höher liegt als bei 1200° C und 1 at Gesamtdruck. Da das Verfahren zur Gewinnung von Reinstaluminium aus thermisch hergestellten Al-Legierungen oder aus Aluminium-Karbid von großem Interesse ist, wird in der ganzen Welt eifrig an seiner technischen Verwirklichung gearbeitet.

Das zweite Beispiel betrifft ein Verfahren zur Herstellung reinster Metalle nach dem Jodidverfahren, das von van Arkel gefunden wurde [6].

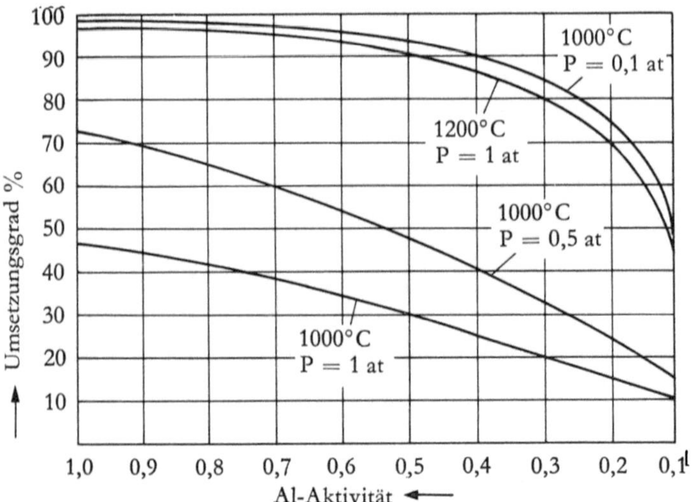

Abb. 6: Umsetzungsgrad der Reaktion $2\,Al + AlCl_3 = 3\,AlCl$

[6] *van Arkel, A. E.*, Reine Metalle, Springer-Verlag Berlin (1939).

Der van-Arkel–de-Boer-Prozeß benutzt die thermische Spaltung von Jodiden an einem hocherhitzten Wolframdraht zur Reindarstellung von Metallen im Vakuum. Das unreine Metall wird mit Jod in ein flüchtiges Jodid umgewandelt, das gegebenenfalls noch nachgereinigt wird. Das flüchtige Jodid wird bei hohen Temperaturen wieder zerlegt, wobei das reine Metall aus der Gasphase abgeschieden wird, während das Jod wieder in den Prozeß zurückgeführt wird. Das Verfahren liefert sehr reine Metalle, ist aber sehr diffizil und erlaubt nur, in relativ kleinen Anlagen zu arbeiten.

2.2 Reaktionskinetik

Bei den Reaktionen, die im Vakuum ablaufen, haben wir es fast immer mit heterogenen Reaktionen zu tun, die an den Phasengrenzen ablaufen. Die geschwindigkeitsbestimmende Teilreaktion kann dabei gegeben sein durch den Transport der Reaktionsteilnehmer zur Phasengrenze, den Wegtransport der Reaktionsprodukte von der Phasengrenze und die chemische Reaktion an der Phasengrenze selbst; ebenso kann die Keimbildungsgeschwindigkeit einer neuen Phase oder der Wärmetransport für die Geschwindigkeit der Gesamtreaktion bestimmend sein. Hier gelten die bekannten Gesetze, wobei der Abtransport der gasförmigen Reaktionsprodukte durch die Anwendung des Vakuums besonders begünstigt wird, andererseits bei undichten Vakuumapparaturen störende Nebenreaktionen von großem Einfluß sein können. Sieht man vom Transport der Reaktionsteilnehmer von und zu der Phasengrenze ab, so hängt die Reaktionsgeschwindigkeit an der Phasengrenze exponentiell von der Temperatur ab. Bei den hohen Temperaturen der metallurgischen Prozesse verläuft die chemische Reaktion an der Phasengrenze mit so großer Geschwindigkeit, daß wohl stets angenommen werden darf, daß sie nicht der geschwindigkeitsbestimmende Schritt ist.

Der Stofftransport zur Phasengrenze ist dagegen entscheidend. Diffusion und Konvektion zeigen sich auch bei den Vakuumprozessen als entscheidende Faktoren für die Geschwindigkeit der Gesamtreaktion.

Bei Reaktionen in fester Phase ist daher eine weitgehende Zerkleinerung und Brikettierung der Reaktionsteilnehmer erforderlich, bei Reduktionen im Schmelzfluß wird durch feine Zerteilung der Schmelze, durch intensive Rührung oder durch Anwendung des Prinzips der „Dünnschichtverdampfung" den Forderungen nach möglichst hoher Reaktionsgeschwindigkeit Rechnung getragen.

3. Verfahrenstechnik

Die Entwicklung der Vakuumverfahren für großtechnische metallurgische Prozesse ist naturgemäß an die Voraussetzung gebunden, daß genügend leistungsfähige Vakuumpumpen zur Verfügung gestellt wurden. Die Entwicklung dieser Pumpen-Aggregate ging daher Hand in Hand mit der Weiterentwicklung der vakuummetallurgischen Prozesse, und heute stehen für alle in Betracht kommenden Druckbereiche ausreichend dimensionierte Vakuumpumpen zur Verfügung.

Abb. 7 gibt einen Überblick über die Arbeitsbereiche der verschiedenen Vakuumpumpen, wobei die Wasserring-Pumpen meist nur als Vorpumpen Verwendung finden, im Feinvakuum- und Hochvakuumbereich Kombinationen der verschiedenen Pumpentypen benutzt werden, da die günstigsten Pumpgeschwindigkeiten in den verschiedenen Druckbereichen sich sinnvoll überschneiden. Für großtechnische Entgasungsverfahren lassen sich durch Parallelschaltung und Pumpenaggregate die erforderlichen Saugleistungen erzielen, die z. B. für die Vakuumentgasung von Stahl Sauggeschwindigkeiten von über 25 000 cbm/h erfordern.

Über die Durchlaufentgasungsverfahren, die zur Vakuumbehandlung normal erschmolzener Stähle angewandt werden, wird in dem Vortrag von Herrn Professor Spolders berichtet werden. Da hierbei mit flüssigem Einsatz gearbeitet wird, ist eine Beheizung nur insoweit erforderlich, als die auftretenden Wärmeverluste zu groß sind, so daß sie durch die Zusatzheizung kompensiert werden müssen. Die meisten Schmelz- und Glühverfahren im

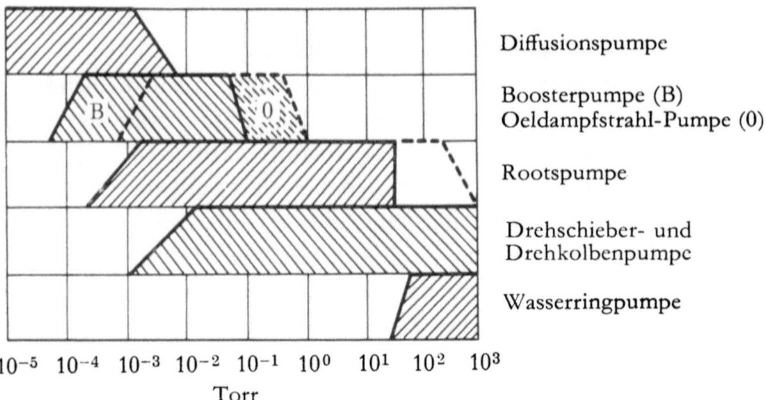

Abb. 7: Arbeitsbereiche der verschiedenen Vakuumpumpen

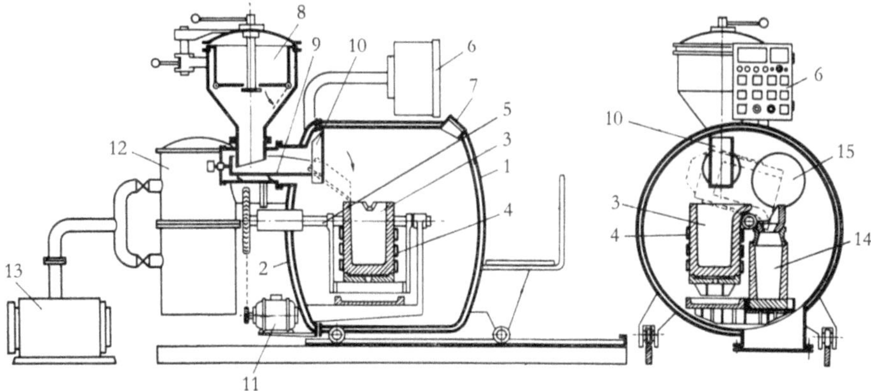

Abb. 8: Induktiv beheizte Vakuum-Schmelz- und Gießanlage

Vakuum werden in Öfen mit elektrischer Beheizung durchgeführt, nur in Ausnahmefällen verwendet man mit Gas beheizte Retorten, für die naturgemäß Spezialwerkstoffe erforderlich sind.

Die elektrische Beheizung kann auf verschiedene Weise erfolgen, wobei die in der normalen metallurgischen Technik üblichen Verfahren der Widerstandserwärmung, der induktiven Erwärmung und der Lichtbogenerwärmung auch für die Vakuumprozesse anwendbar sind. Als Heizleiter für die Widerstandserwärmung kommen insbesondere Wolfram, Tantal, Grafit und Molybdän in Betracht, wobei für Sinterprozesse die aus Pulvern zu Stäben gepreßten Metalle auch durch unmittelbaren Stromdurchgang bis auf die Sintertemperatur erhitzt werden und somit selbst als Heizleiter dienen.

Abb. 8 zeigt schematisch eine induktiv beheizte Vakuumschmelz- und Gießanlage mit Pumpsatz (12, 13), Einschleusvorrichtung zum Einschleusen von Legierungszusätzen unter Vakuum (8) mit herausfahrbarem Ofenmantel (1). Der Tiegel (3) wird innerhalb der Spule (4) aufgestampft und ist um die Tiegelschnauze mit Hilfe einer Vakuumdrehdurchführung kippbar, so daß die Schmelze in die im Vakuum untergebrachte Gießform (14) ausgegossen werden kann.

Da bei vielen hochreaktionsfähigen Metallen ein Schmelzen in keramischen Tiegeln nicht möglich ist und bei anderen Metallen eine Verbesserung der Qualität erreicht wird, wenn man Reaktionen mit dem Tiegelmaterial ausschließt, stellt das Lichtbogenschmelzverfahren in wassergekühlten dünnwandigen Kupferkokillen eine wesentliche Verbesserung der Schmelztechnik dar.

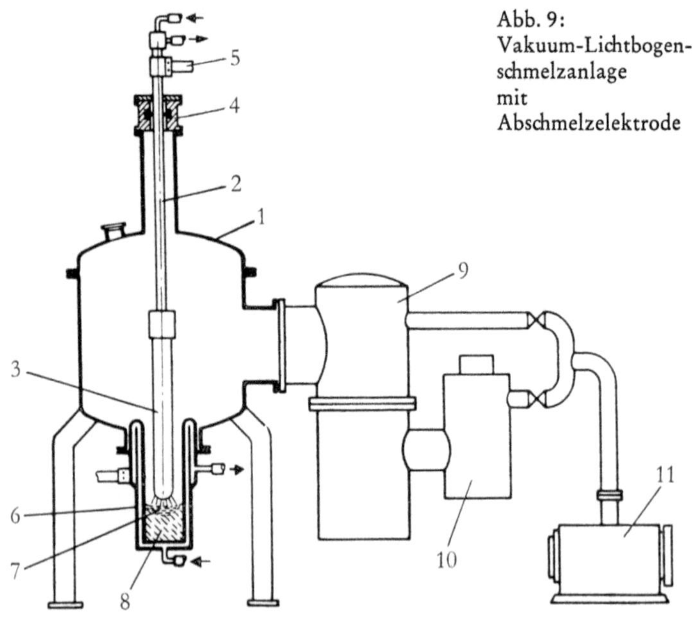

Abb. 9:
Vakuum-Lichtbogen-
schmelzanlage
mit
Abschmelzelektrode

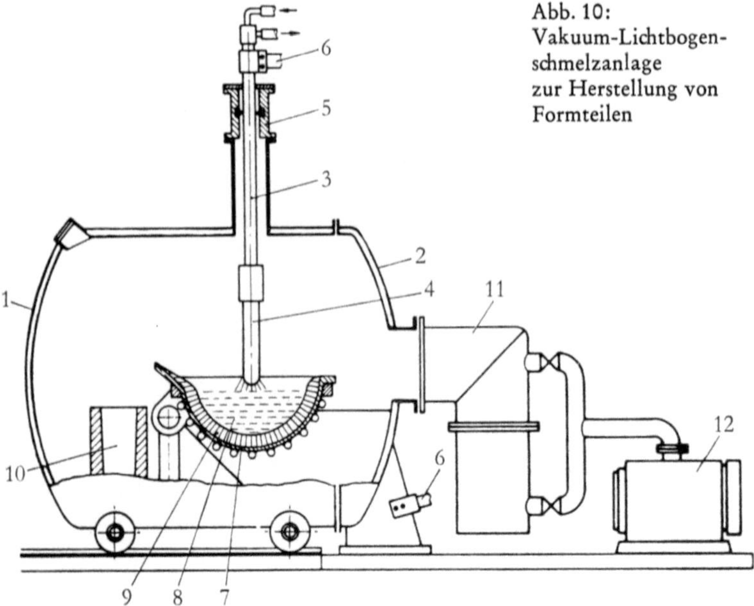

Abb. 10:
Vakuum-Lichtbogen-
schmelzanlage
zur Herstellung von
Formteilen

Abb. 9 zeigt schematisch eine Vakuum-Lichtbogenschmelzanlage mit Abschmelzelektrode, wobei der wassergekühlte Kupfertiegel (6) die Gegenelektrode bildet, während das zu schmelzende Material (3) in Stangenform an einer vakuumdichten Führungsstange (2) befestigt ist. Nach Zünden des Lichtbogens tropft aus der Abschmelzelektrode das Metall ab, erstarrt in einer kleinen Randzone durch die Kühlwirkung der Tiegelwand, so daß nur ein Schmelzsee an der Oberfläche bestehenbleibt. Bei genügend hoher Schmelzgeschwindigkeit wird die wassergekühlte Kupferform voll ausgefüllt, und es entsteht ein dichter homogener Block, dessen Randzone allerdings abgedreht werden muß.

Die so erhaltenen Blöcke gehen dann zur Weiterverarbeitung. Um auch Formteile nach dem gleichen Prinzip gießen zu können, wurde eine Anlage entwickelt, bei der in ähnlicher Weise das Metall geschmolzen wird, aber durch geeignete Konstruktion ein größerer Schmelzsee gebildet wird. *Abb. 10* zeigt eine solche Anlage, bei der eine muldenartige, wassergekühlte Tiegelform verwendet wird. Es bildet sich beim Schmelzen eine erstarrte Randzone des zu schmelzenden Metalls aus, die gewissermaßen als Tiegelauskleidung dient, während die Hauptmenge des Metalls durch den Lichtbogen flüssig gehalten und schließlich in die Form gegossen wird. Als obere Elektrode kann auch hier eine Abschmelzelektrode verwendet werden oder aber ein wassergekühlter Wolframstab.

Eine besonders interessante Entwicklung der letzten Jahre ist der Elektronenstrahl-Schmelzofen, der in *Abb. 12* dargestellt ist. Er stellt im Prinzip eine Röntgenröhre dar, bei der die Antikathode nicht gekühlt wird. Die hocherhitzten Wolframkathoden, die drahtförmig als Ringkathoden ausgebildet sind, senden Elektronen aus in einem Hochspannungsfeld von 20 kV, die beschleunigt auf die zu schmelzende Antikathode aufprallen und sie zum Schmelzen bringen. Das abtropfende Metall fällt in eine wassergekühlte absenkbare Kokille, wobei die Oberfläche des gebildeten Blockes durch die untere Ringkathode flüssig gehalten wird. An Stelle der Ringkathoden, die zu Schwierigkeiten führen können, wenn durch Gasentwicklung das Vakuum unter etwa 10^{-3} Torr absinkt, verwendet man heute sogenannte Elektronenkanonen mit magnetischer Linse, die den Elektronenstrahl bündeln und auf das Schmelzgut richten (*Abb. 11*). Durch Verwendung mehrerer solcher Elektronenkanonen lassen sich Elektronenstrahlöfen bis zu sehr großen Einheiten ausbauen, wobei heute schon Öfen mit 1500 kW Anschlußwert gebaut werden.

                     Helmut Winterhager

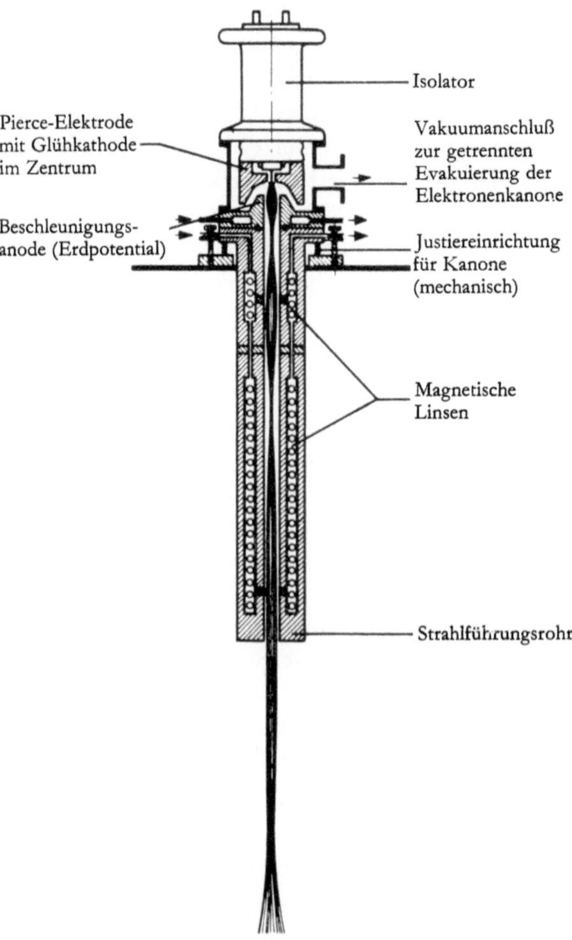

Abb. 11: Elektronenkanone

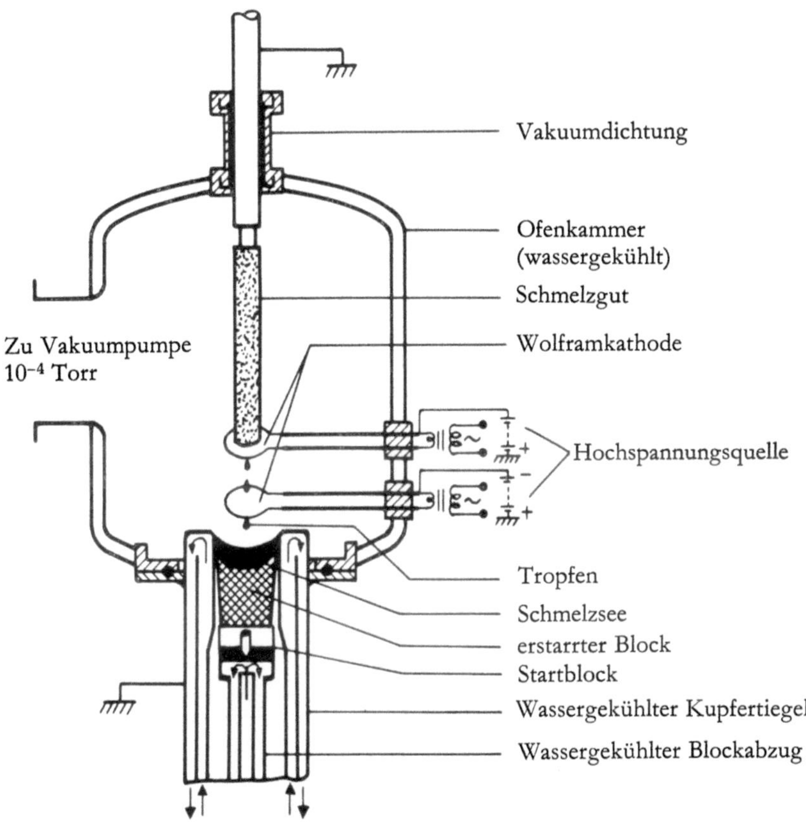

Abb. 12: Elektronenstrahlschmelzofen

4. *Beispiele aus der Metallurgie*

Abb. 13 zeigt das Prinzip eines Vakuumofens zur silikothermischen Magnesiumgewinnung, wie er von der Knapsack Griesheim AG entwickelt worden ist. Über die Schleusenvorrichtung (3) wird das Reaktionsgemisch aus gekörntem, gebranntem Dolomit und 75 % Ferro-Silizium aus Vorratsbehältern (2) dem Ofen zugeführt und in dünnen Schichten über eine Verteilervorrichtung (4) auf dem Rückstand (6) ausgebreitet. Die Beheizung erfolgt durch Grafitheizleiter (5) von oben her. Der Rückstand wird über einen gekühlten Rost (7) nach unten abgesenkt und über eine Schleuse (8) in den Rückstandsbehälter (10) entleert. Über ein Filter (11) strömt das Magnesium in den Kondensator (15), wobei ein Teil staubförmig in den Kondensatoren (12) niedergeschlagen wird. Während der eine der beiden Kondensatoren auf Temperaturen unter 500° gehalten wird, findet durch diesen Teil die Evakuierung des Systems statt. Zur gleichen Zeit wird der andere Kondensator von außen auf Schmelztemperatur geheizt (13), so daß das

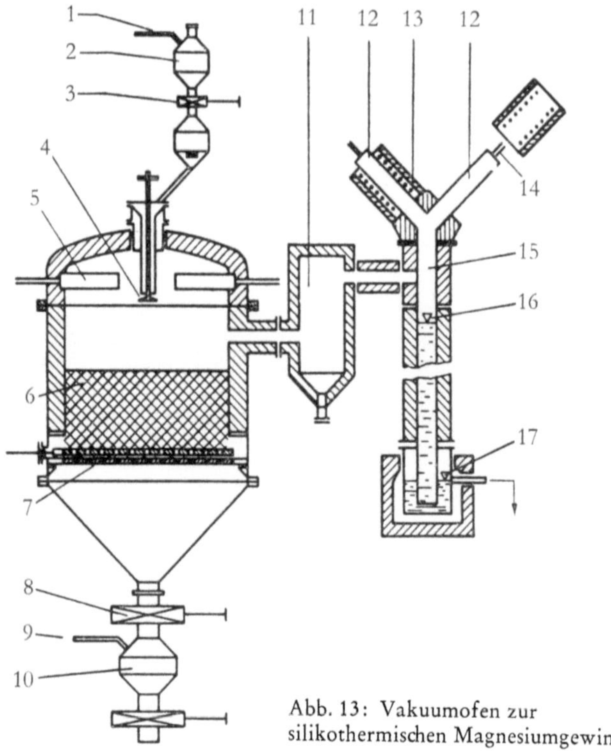

Abb. 13: Vakuumofen zur silikothermischen Magnesiumgewinnung

Abb. 14: Vakuum-Öfen zur FeCr-Herstellung

aufgeschmolzene Magnesium zur Hauptmenge der Produktion abfließt. Durch eine barometrische Säule (16) aus geschmolzenem Magnesium wird der Verschluß nach außen bewirkt. Aus dem Sumpftiegel (17) kann das Magnesium laufend abfließen. Nach dem silikothermischen Verfahren wurde – allerdings diskontinuierlich – während des letzten Krieges in Amerika gearbeitet, wobei bis zu 20 % der amerikanischen Magnesiumproduktion erzeugt wurden. Nach dem Kriege wurden diese Anlagen stillgelegt, da sie kostenmäßig mit dem Verfahren der Schmelzflußelektrolyse nicht konkurrieren konnten. Es wird erwartet, daß durch das entwickelte kontinuierliche Verfahren, das bei Drucken von 1–50 Torr arbeitet, die Wettbewerbsfähigkeit des silikothermischen Verfahrens gegeben ist.

Abb. 14. Die Umsetzung von kohlenstoffhaltigem Ferro-Chrom mit oxydischem Ferro-Chrom im Vakuum wird in Anlagen durchgeführt, die sich durch besondere Größe auszeichnen. Diese Öfen haben eine Länge von rund 40 m und sind durch Grafitstäbe beheizt. Der Anschlußwert beträgt 4000 kW.

Abb. 15: Herdwagen mit FeCr-Briketts

Abb. 15 zeigt einen Herdwagen, der 36 m lang ist und mit Ferro-Chrom-Briketts beladen ist. Der aufklappbare Ofendeckel von 5 m Durchmesser wird durch Berieselung mit Wasser gekühlt. Das erforderliche Vakuum von weniger als 1 Torr wird durch fünfstufige Dampfstrahlpumpen erzeugt.

Als Beispiel für destillative Trennung von Metallen sei die Entzinkung von Blei mit etwa 0,55 % Zink behandelt, wobei zu bemerken ist, daß das Zink früher durch selektive Oxydation entfernt wurde, wobei sich Zinkoxyd bildete. Da aber metallisches Zink dem Blei zur Entsilberung des Werkbleis nach dem Parkes-Prozeß zugesetzt wird, war es wünschenswert, den nach der Entsilberung verbleibenden Restgehalt von 0,55 % Zink aus dem Blei unmittelbar in metallischer Form zurückzugewinnen.

Abb. 16 zeigt eine Lösung dieses Problems, wie es von Isbert in die Technik eingeführt wurde. Die in dem Bleikessel (a), der etwa 100 Tonnen faßt, vorhandene zinkhaltige Bleischmelze wird durch eine Gasfeuerung auf Temperatur gehalten. Von oben wird eine Glocke mit Rührwerk in das Blei einge-

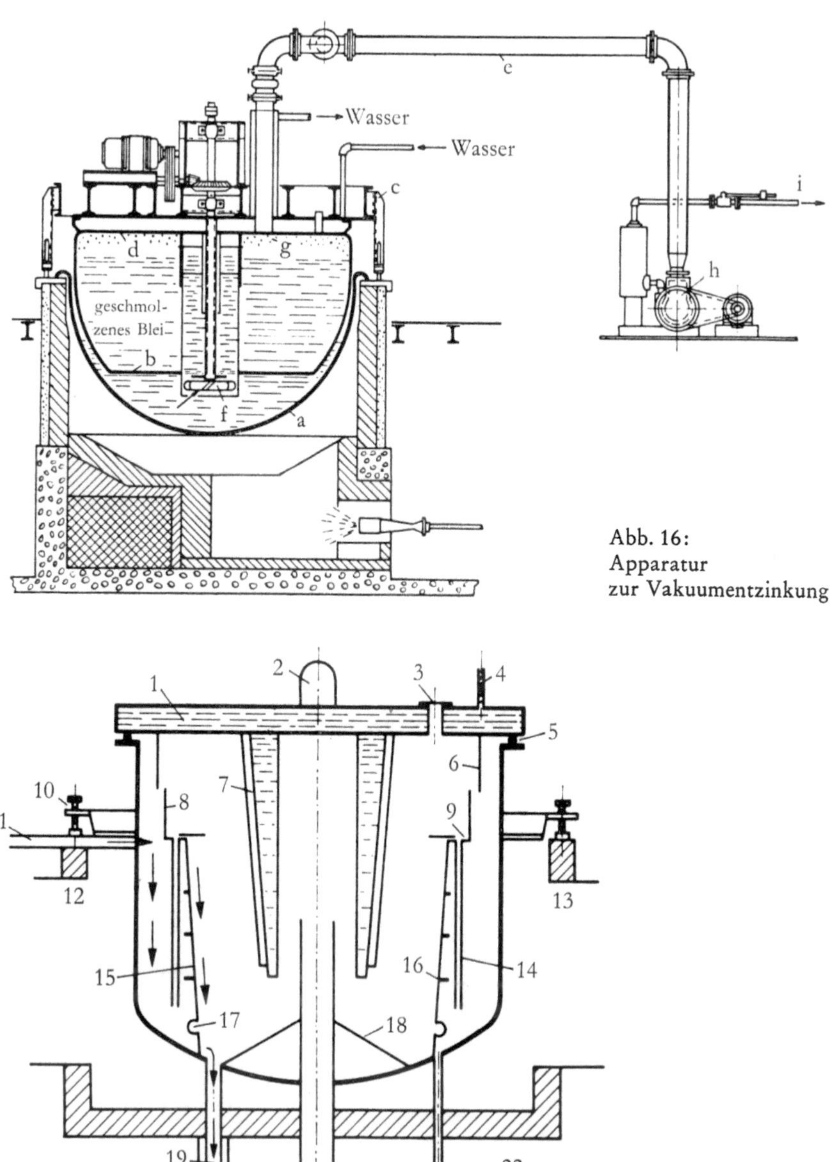

Abb. 16:
Apparatur
zur Vakuumentzinkung

Abb. 17:
Apparatur zur
kontinuierlichen
Vakuumentzinkung

Abb. 18: Kondensator der Vakuumentzinkungsanlage in Port-Pirie

Abb. 19: Zwei 4-t-Vakuumöfen

taucht, deren Deckel wassergekühlt ist. Durch einen Vakuumpumpsatz wird ein Unterdruck von einigen Torr aufrechterhalten, wobei der Verschluß gegen die Außenluft durch das Blei bewirkt wird, das im Inneren der Glocke etwas aufsteigt, während sich der Bleispiegel im Kessel stark absenkt. Die Höhendifferenz zwischen den Spiegeln, innen und außen, beträgt bei einer Dichte der flüssigen Bleischmelze von etwa 11 und einer Druckdifferenz von rund 1 at ca. 90 cm. Die Entzinkung geht bis auf etwa 0,05 %, so daß rund 90 % des Zinks aus dem Blei in metallischer Form an dem wassergekühlten Deckel kondensieren und zur erneuten Entsilberung verwendet werden können. Da dieses Verfahren diskontinuierlich arbeitet, waren relativ lange Behandlungszeiten für die Entzinkung erforderlich. Bei der größten Bleihütte der Welt, Port Pirie in Australien, wurde ein Verfahren zur kontinuierlichen Vakuumentzinkung entwickelt, dessen Prinzip in *Abb. 17* dargestellt ist. Das Blei fließt über einen regelbaren Zufluß (11) in den Vakuumverdampfer, wird zwangsweise durch einen Ringspalt geführt (9) und fließt in dünner Schicht über Leitbleche nach unten ab. Der wassergekühlte Kondensator (7) ist rippenförmig ausgebildet und wird durch eine Gummidichtung (5) vakuumdicht mit dem Behälter verbunden. Durch das zentrale Absaugrohr (21) und den Stutzen (23) steht die Apparatur mit dem Vakuumpumpsatz in Verbindung. Durch einen barometrischen Verschluß (20) tritt das entzinkte Blei aus. Wenn eine gewisse Menge Zink sich am Kondensator niedergeschlagen hat, wird der Bleistrom unterbrochen und der Kondensator abgehoben und durch einen neuen ersetzt. Zum Kondensatorwechsel sind nur wenige Minuten erforderlich.

Abb. 18 zeigt den Kondensator beim Herausnehmen. Das abgeschiedene Zink wird in einem Zinkbad abgeschmolzen, so daß der Kondensator erneut verwendet werden kann.

Auf dem Gebiet des Vakuum-Induktionsschmelzens sei vor allem der Pionierarbeit von W. Rohn gedacht, der schon zu Beginn der 20er Jahre bei der Heraeus Vakuumschmelze, Hanau, große Vakuum-Induktionsöfen gebaut und betrieben hat und eine große Zahl von Spezialwerkstoffen im Vakuum erschmolzen hat.

Abb. 19 zeigt zwei solcher Vakuum-Induktionsöfen mit je 4 Tonnen Fassungsvermögen, bei denen durch angeflanschte Kokillen auch der Guß im Vakuum ermöglicht wurde.

Abb. 20 zeigt das Innere eines modernen Vakuum-Induktionsschmelz- und Gießofens für kleinere Chargen.

Abb. 21 zeigt eine Anlage für Einsatzgewichte bis zu 250 kg Stahl.

Abb. 20: Vakuum-Induktions-Schmelz- und Gießofen

Abb. 21: Induktiv beheizte Vakuum-Schmelz- und Gießanlage

Abb. 22 zeigt einen 500-kg-Hochvakuum-Induktionsofen einer amerikanischen Konstruktion.

Abb. 23 zeigt einen Ofen zum Schmelzen von 1 Tonne Uran mit außenliegender Spule.

Öfen zum Schmelzen im Lichtbogen bei Drucken unter 1 Torr stehen heute in großer Zahl zur Verfügung, angefangen von Laboratoriumsöfen bis zu den großen Blockabmessungen.

Abb. 24 zeigt einen kleinen Ofen für Blöcke bis 150 mm Durchmesser.

Abb. 25 zeigt einen der größten Vakuum-Lichtbogenöfen der Welt für Blöcke bis 1000 mm Durchmesser entsprechend einem Blockgewicht von 25 Tonnen Stahl, wobei zu bemerken ist, daß hiermit noch nicht die Grenze des Möglichen erreicht ist. Untersuchungen für die Herstellung von Blöcken mit einem Durchmesser bis zu 1,50 m und einem Gewicht von 50 Tonnen werden zur Zeit durchgeführt.

Abb. 26 zeigt eine an der Führungsstange angeschweißte Abschmelzelektrode.

Abb. 27 zeigt einen 25-Tonnen-Stahlblock, der in einem derartigen Ofen erschmolzen worden ist.

Eine interessante Sonderentwicklung ist der Vakuum-Lichtbogenofen zum Blockschmelzen von Molybdänpulver, der auf *Abb. 28* abgebildet und von der CLIMAX entwickelt worden ist. Das Pulver wird kontinuierlich zu einem Strang gepreßt, dieser Strang wird vorgesintert und kontinuierlich abgeschmolzen, bis die wassergekühlte Kupferform gefüllt ist.

Eine Sonderausführung des Vakuum-Lichtbogenschmelzens stellt die Versuchsanlage dar, die Zersetzung von Zirkonjodid zu verbinden mit dem Schmelzen des Zirkons.

Abb. 29 zeigt diese Versuchsanlage, die natürlich auch für andere Metalljodide verwendet werden kann.

Das Schmelzen in Elektronenstrahlöfen ist zu einer technischen Reife entwickelt worden, die es wahrscheinlich macht, daß diese Ofentypen durchaus in Wettbewerb treten können mit den Vakuum-Lichtbogenöfen.

Abb. 30 zeigt einen Elektronenstrahl-Schmelzofen für 260 kW mit einer Spannung von 20 kV mit getrennt abgepumpten Elektronenkanonen.

Abb. 22: 500-kg-Hochvakuum-Induktionsofen

Abb. 23: Vakuum-Induktionsofen zum Schmelzen von 1 t Uran

   Helmut Winterhager

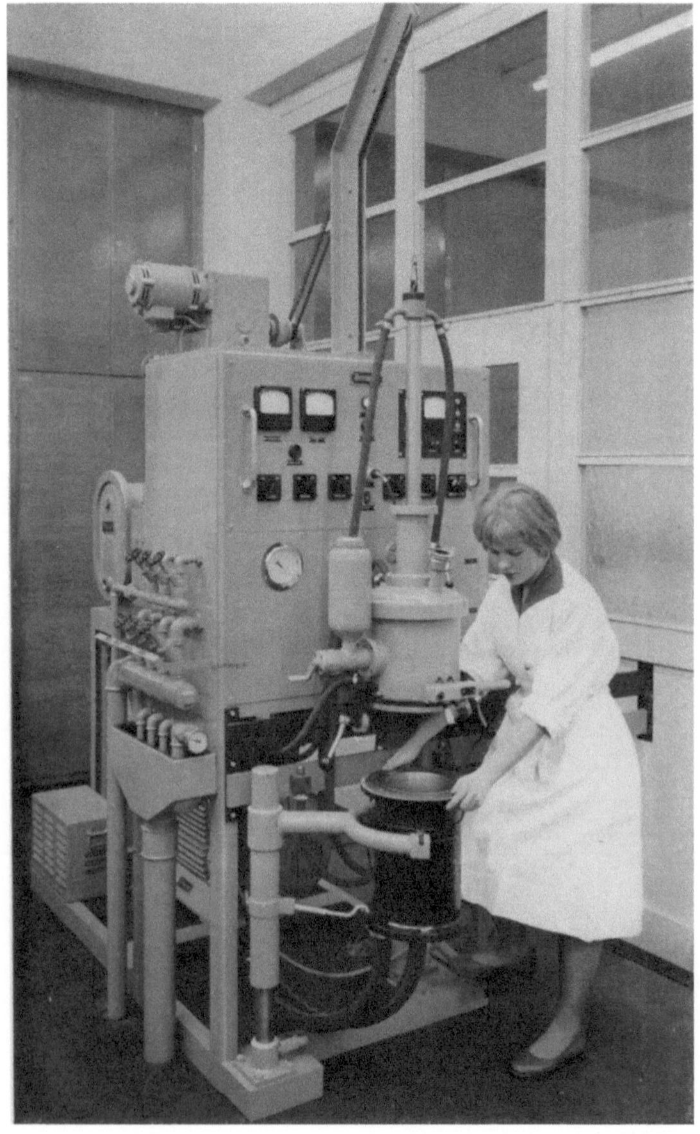

Abb. 24: Vakuum-Lichtbogenschmelzofen für Blöcke bis 150 mm Durchmesser

Abb. 25: Vakuum-Lichtbogenofen für Blöcke bis 1000 mm Durchmesser (25 t Stahl)

Abb. 26: Angeschweißte Abschmelzelektrode

Abb. 27: 25 t Stahlingot erschmolzen im Vakuum-Lichtbogenofen

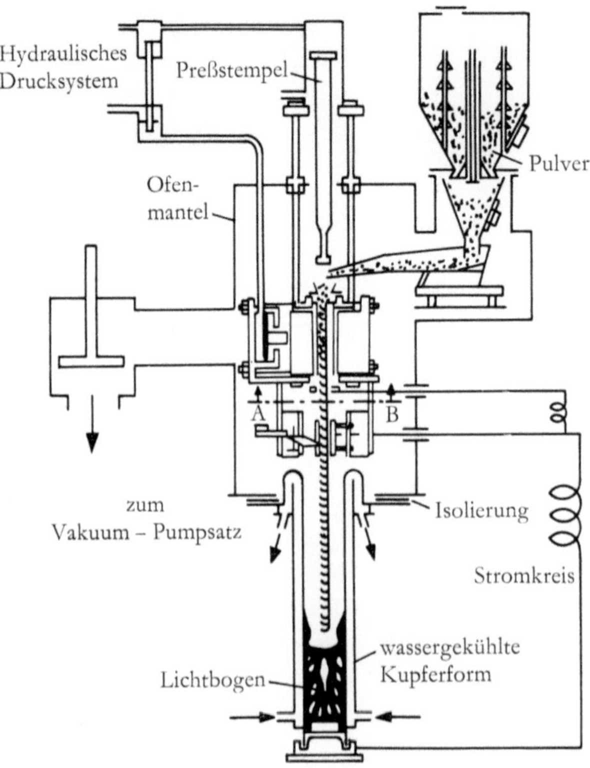

Abb. 28: Vakuum-Lichtbogenofen zum Blockschmelzen von Molybdänpulver

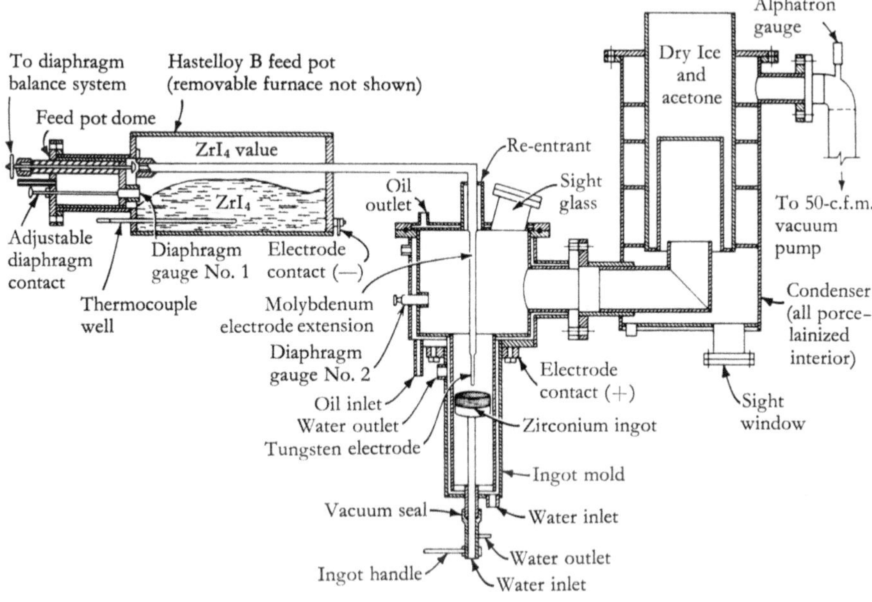

Abb. 29: Vakuum-Lichtbogenofen zur Zersetzung von Zirkonjodid

Abb. 30: Elektronenstrahl-Schmelzofen (260 kW, 20 kV)

Summary

The term "Vacuum Metallurgy" and the diverse pressure ranges applicable to the vacuum technique are being explained. With the aid of some examples, the physico-chemical principles of the metal-gas systems are investigated and the influence of the points of equilibrium due to reduction of pressure is described; simultaneous deoxidation and decarbonisation during formation of CO can also be promoted through pressure reduction. The Van-Arkel-De-Boer process as well as the extraction of aluminium by way of aluminium subchloride are special reduced pressure methods.

The more recent technique in the field of vacuum metallurgy is shown by means of numerous examples, furnaces for induction, electric-arc and electron beam melting are being dealt with. Of the metal extraction processes, the thermal magnesium extraction, ferrochrome decarbonisation and raw lead dezincking in vacuum are described.

Résumé

L'exposé commente le terme «métallurgie sous vide» ainsi que les diverses phases de pression dans la technique du vide. A l'aide de quelques exemples, l'auteur explique les bases physico-chimiques de systèmes métallo-gazeux et l'influence exercée par l'abaissement de la pression sur les conditions d'équilibre des corps. La désoxydation et la décarburation simultanées des métaux, en faisant appel à la formation de CO, peuvent se réaliser de préférence par dépression. Les procédés spéciaux d'application du vide sont entre autres le procédé Van-Arkel-De-Boer et la production de l'aluminium en partant du sous-chlorure d'aluminium.

Une série d'exemples illustre la technologie récente dans le domaine de la métallurgie sous vide, avec commentaires sur les fours à induction, à arc électrique et à bombardement électronique pour la fusion de métaux. L'article se termine par la production thermique du magnésium, la décarburation des ferro-chromes et l'élimination sous vide du zinc contenu dans le plomb d'oeuvre.

Diskussion

Dr. rer. techn. Alfred Boettcher

Das Gebiet der Höchstvakua wird ja zunächst vor allem für Metall-Probleme interessant. Lange Zeit war die Entwicklung des Höchstvakuums jedoch dadurch etwas in Schwierigkeiten geraten, daß man bei gewissen neuen Pump-Verfahren gar nicht messen konnte, wieweit man gediehen war. Man rechnete meines Wissens bis vor kurzem damit, daß man bis etwa 10^{-13} Torr messen kann.

Könnten Sie kurz etwas darüber sagen, wie weit man heute zuverlässig messen kann und mit welcher Genauigkeit?

Professor Dr.-Ing. Helmut Winterhager

Ich könnte Ihnen darüber nur etwas von der letzten Tagung des „Deutschen Arbeitskreises Vakuum" sagen. Vielleicht kann Herr Dr. Scheibe etwas Näheres darüber ausführen.

Dr.-Ing. Werner Scheibe

Im wesentlichen werden sehr niedrige Drücke mit Massenspektrometern gemessen. Es ergibt sich dabei der Vorteil, daß sowohl die Zusammensetzung des Restgases als auch die Partialdrücke der einzelnen Komponenten abgelesen werden können. Soweit mir bekannt ist, können heute Partialdrücke bis zu 10^{-14} Torr gemessen werden.

Professor Dr. sc. nat. Kurt Diels

Schon in den Jahren 1921 oder 1922 wurde die Behauptung aufgestellt, daß man Drücke in der Größenordnung von 10^{-25} Torr erzeugen und messen kann. Dieser Wert war für den damaligen Stand der Technik sicher zu optimistisch.

Es liegt in der Natur der Sache, daß man sehr niedrige Drücke exakt nur außerordentlich schwer messen kann. Man kann nämlich nicht mehr von einem Druck sprechen, wenn nur sehr wenige Moleküle auf eine Oberfläche auftreffen. Was man tatsächlich messen kann, ist die Anzahl der Moleküle, die sich im Raum bewegen.

Hierzu muß man jedoch den Molekülen eine zusätzliche Energie zuführen, z. B. durch Ionisierung, um zu meßbaren Größen zu kommen. Dabei ergibt sich eine relative Ungenauigkeit der Aussage, da bei sehr niedrigen Drücken die Hilfsenergie wesentlich größer ist als die der Komponenten, die man messen will. In neuerer Zeit ist man daher dazu übergegangen, in die Rezipienten Massenspektrometer einzubauen, mit denen man nicht nur die Anzahl der Moleküle, sondern auch deren Art ermitteln kann.

Die früher übliche Meßmethode, einfach den Meßkopf außerhalb des Rezipienten anzubringen, ergibt starke Fehlmessungen, weil infolge der sehr großen mittleren freien Weglänge der Moleküle, die viele Kilometer betragen kann, praktisch keine Verbindung mehr zwischen dem Meßsystem und den zu messenden Teilchen besteht.

Man kann etwa sagen, daß bis 10^{-11} Torr eine verhältnismäßig genaue Angabe über den Druck gemacht werden kann. Drücke darunter können nur noch abgeschätzt werden.

Meiner Ansicht nach erreichen wir in sehr sorgfältig ausgepumpten Systemen niedrigere Drücke als z. B. 10^{-16} Torr. Dies können wir aber nicht mehr messen.

Staatssekretär Professor Dr. h. c., Dr.-Ing. E. h. Leo Brandt

Herr Kollege Quick, darf ich eine Frage stellen? Sie haben vor einiger Zeit etwas über die große Bedeutung der riesigen Vakuumanlagen für die Weltraumforschung erzählt. Sind das Drücke, die in dieser Gegend liegen, wie wir sie soeben hörten?

Professor Dr.-Ing. August-Wilhelm Quick

Es handelt sich um Drücke in der Größenordnung von 10^{-9} bis 10^{-10} Torr. Diese sind notwendig, um die Bedingungen des Weltraumes nachzuahmen.

Professor Dr.-Ing. habil. Max Haas

Ich darf eine Frage an Herrn Winterhager richten: Hat man schon andere Schutzschichten außer der Quarzschicht bzw. was könnte man finden?

Dr. rer. nat. Justus Moll

Es ist bekannt, Quarzschichten im Hochvakuum zum Schutz von Oberflächen aufzudampfen. Diese Schichten eignen sich, wiederum besonders dünne Metallschichten, die z. B. auch durch Aufdampfen im Hochvakuum hergestellt wurden, zu schützen. Die Abriebfestigkeit wird auf diese Weise z. B. für Oberflächenspiegel merklich verbessert.

Quarzschichten (Siliziumoxyd) können auch durch andere Verbindungen ersetzt werden. Z. B. ist das Aufdampfen von Titanoxydschichten möglich.

Tritt eine stärkere mechanische Beanspruchung der metallischen Aufdampfschichten ein, wie z. B. bei metallisierten Türgriffen oder Fahrzeugbeschlägen, so bieten die aufgedampften Schutzschichten nicht ausreichende Sicherheit. In solchen Fällen zieht man es vor, die metallischen Aufdampfschichten durch nachträglich angebrachte Lackauflagen zu schützen.

Im Zuge der Entwicklung der Hochvakuumaufdampftechnik werden heute auch größere Stücke industriell im Hochvakuum mit dünnen Metallschichten belegt. Z. B. ist das Bedampfen von Zierleisten aus Kunststoffen, Stoßstangen oder größeren Spiegelflächen mit dünnen Aluminiumschichten technisch realisierbar und für die Produktion interessant.

Professor Dr. sc. nat. Kurt Diels

Ich darf vielleicht noch etwas zu den Pumpengrößen sagen: Infolge der schnellen Entwicklung der Kernphysik und der Weltraumtechnik sind auch von der Vakuumtechnik sehr große Pumpsysteme gefordert worden. Wir sind heute in Deutschland so weit, daß man Pumpenaggregate bis zu 1 mill m³/h und darüber herstellen kann. Die Vakuumtechnik hat sich nach dem Kriege gerade in Deutschland sehr gut weiterentwickelt.

Staatssekretär Professor Dr. h. c., Dr.-Ing. E. h. Leo Brandt

Gibt es in Deutschland Stellen, die diese anwenden?

Professor Dr. sc. nat. Kurt Diels

Soviel ich weiß, noch nicht. Sie werden vorläufig nur in den Vereinigten Staaten verwendet.

Anwendung der Vakuumbehandlung
bei der Stahlerzeugung

Von *Rudolf Spolders*, Essen

Gliederung

1. Entwicklung der Vakuummetallurgie

Die Entwicklung zu hoher Leistung und Wirtschaftlichkeit, z. B. bei
Verfahren der Energieerzeugung oder der chemischen Industrie fordert vom
Werkstoff Stahl höhere Beanspruchungsmöglichkeiten. Diesen Forderungen
der Verbraucher kann der Stahlhersteller nur gerecht werden, wenn er über
die klassischen Methoden der Stahlerzeugung und -verarbeitung hinaus
unter Berücksichtigung der Wirtschaftlichkeit seiner Produktion zusätzliche
Verfahren einsetzt.

Wenngleich die schnell voranschreitende Technik gerade in den letzten
Jahrzehnten einen besonderen Anstoß zur Gütesteigerung der Stahlproduk-
tion gegeben hat, so hat sich der Stahlwerker doch schon seit langem Gedanken gemacht, in welcher Weise der Stahl verbessert werden kann. Wesentlich für die Gütesteigerung sind die nichtmetallischen Einschlüsse und
die im Stahl gelösten Gase. Mit der Zielsetzung, diese zu verringern, wurde

bereits im vergangenen Jahrhundert von vielen Stahlwerkern der Wunsch geäußert, den flüssigen Stahl einer Behandlung im Vakuum zu unterwerfen.

Erwähnt seien

1850   *Church:* Brit. Patent 5084
       „Herstellung eines dichten Metallgusses, der frei von Hohlräumen ist, durch Anwendung von Vakuum"
1853   Brit. Patent 995
1855   Sir *Henry Bessemer* schlägt vor, eine ganze Pfanne im Vakuum zu entgasen
1855   *Jenkins:* Patent Nr. 495
1864   *Bell:* Patent Nr. 2831
1877   Patentanmeldung von *J. Bourn* für eine Vakuumbehandlungsanlage
1882   werden von dem Engländer *Ailken* und
1883   von dem Amerikaner *Gordon* Patente angemeldet.

Die praktischen Erprobungen wurden zwischen 1920 und 1930 von *W. Rohn* (Heraeus) in den ersten Vakuum-Induktionsschmelzöfen durchgeführt. Es wurden Stähle und Metalle mit hoher Sauerstoffaffinität bis zu einem Gewicht von 5 t erschmolzen und vergossen. 1932–1935 erfolgten Versuche von Korbers, eine ganze Gießpfanne zu entgasen. Die praktischen Durchführungen an größeren Schmelzeinheiten scheiterten immer wieder an den unzureichenden technischen Möglichkeiten der damaligen Zeit.

Unter Umgehung dieser technischen Schwierigkeiten einer Vakuumbehandlung wurde versucht, Spülgase, leicht flüchtige Salze oder auch verdampfende Flüssigkeiten mit gleicher Zielsetzung anzuwenden. Hier sind die technischen Berechnungen von Geller und Versuche von Spire zu erwähnen sowie ein Patent (deutsches Patent Nr. 973 145 Kl. 18 b) der Ruhrstahl AG von 1943.

2. Großtechnische Vakuumbehandlung bei der Stahlerzeugung

Für spezielle Legierungen wurden in den Jahren 1920 bis 1940 kleinere Schmelzaggregate erstellt, die eine Vakuumbehandlung im Labormaßstab zuließen. Es handelt sich hierbei um Vakuum-Induktionsschmelzöfen und Vakuum-Lichtbogenöfen mit abschmelzender Elektrode. In neuester Zeit sieht man auch für sehr kleine Schmelzeinheiten eine Entwicklungsmöglichkeit bei den Elektronenstrahl-Schmelzöfen. Diese Verfahren sind sehr kostspielig und lassen sich nicht für die Vakuumbehandlung großer Schmelzeinheiten einsetzen. Hierzu fand sich ein Weg in der Anwendung der

Vakuumentgasung des Stahls nach Verlassen des Schmelzofens. Die Voraussetzung dazu war, daß große Schmelzeinheiten in einfacher und wirtschaftlicher Weise einem Vakuum ausgesetzt werden konnten, um bei ausreichend niedrigen Drücken Gase und nichtmetallische Einschlüsse zu entfernen. Über den Stand der Entwicklung dieser großtechnischen Behandlungsverfahren soll nachfolgend berichtet werden. In der Fachliteratur der letzten 40 Jahre sind hierüber zahlreiche Vorschläge zu finden, deren praktische Erprobung und Einsatz im Stahlwerk unternehmerischen Wagemut, mühevolle Kleinarbeit des Stahlwerkers und der Versuchsanstalten, sowie rasches Einfühlungsvermögen der Konstrukteure, insbesondere für die Vakuumpumpen, erforderten.

2.1 Technische Voraussetzungen
(Pumpentypen, Pumpenleistung, Energieverbrauch)

Die Beherrschung der Gasmenge bei großen Schmelzeinheiten durch Vakuumpumpen mit entsprechend großer Leistung ist eine wesentliche Voraussetzung für eine wirkungsvolle Vakuumbehandlung. Noch vor 1950, als die ersten großtechnischen Versuche zur Stahlentgasung durchgeführt wurden, standen Vakuumpumpensätze zur Verfügung, deren Leistung durch Parallelschalten mehrerer Ölrotationspumpen nur etwa 3 000 m³/h betrug. Mit den damaligen Anlagen war es möglich, den Stahl einem Unterdruck von etwa 30 Torr (mm Hg) auszusetzen. Die für die Stahlentgasung erforderlichen Leistungen wurden jedoch erst durch Weiterentwicklung der Vakuumpumpen in den letzten zehn Jahren erreicht. Im Diagramm (Abb. 1) kommt der sprunghafte Anstieg der Pumpenleistungen von 3 000 auf 240 000 m³/h zum Ausdruck. Während mit einer Pumpenleistung von 3 000 m³/h bei der Entgasung von 100 t Stahl nur ein Unterdruck von 30 Torr erreicht wurde, beträgt er bei 240 000 m³/h 0,3 Torr. Hinzu kommt, daß bei der größeren Leistung die Anfahrzeiten zum Vorevakuieren der Behälter wesentlich verkürzt werden und genügend Reserve für Störungen vorhanden ist. Nachdem diese Voraussetzungen erfüllt sind, ist es möglich, jeden erwünschten Druck bei der Vakuumentgasung zu erreichen. Im allgemeinen werden heute Dampfstrahlpumpen verwendet. Für diese Pumpen beträgt der Dampfverbrauch bei einer Leistung von 60 000 m³/h etwa zwei Tonnen/h. Dieser Dampf steht im allgemeinen in den Stahlwerken zur Verfügung, ohne daß zusätzliche Einrichtungen erstellt werden müssen.

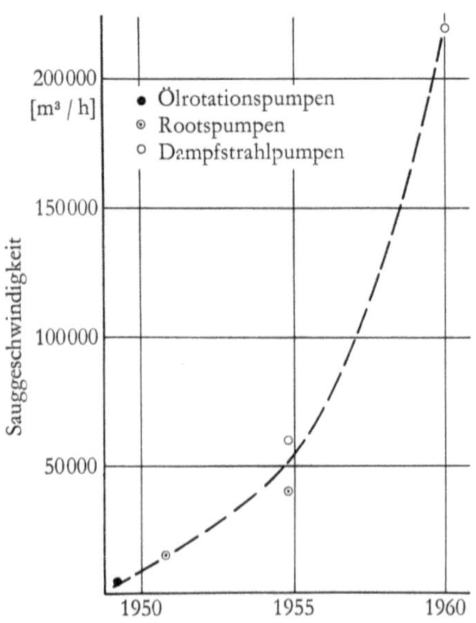

Abb. 1: Entwicklung der Vakuumpumpen für die Stahlentgasung

2.2 Physikalisch-chemische Grundlagen der Vakuummetallurgie

Ein wesentlicher Impuls für den Einsatz einer Vakuumbehandlung
ging von den Erzeugern schwerer Schmiedestücke aus, da hierbei die Fabri-
kationsschwierigkeiten, die durch die Block- und Gasblasenseigerung her-
vorgerufen werden, exponentiell mit der Blockgröße anwachsen. Außerdem
mußte bei der normalen Fertigung der zu Flockenrissen Anlaß gebende
Wasserstoff im festen Zustand durch langwierige Glühbehandlungen durch
Diffusion entfernt werden. Das Ziel der Vakuumbehandlung war hier,
durch eine weitgehende Senkung des Gasgehaltes die Seigerungen, vorwiegend die Gasblasenseigerungen im oberen Drittel des Blockes, auf ein
vertretbares Maß zu mildern und gleichzeitig durch Verringerung der Was-
serstoffkonzentration die Glühzeiten zu verringern. Im Diagramm sind die
Glühzeiten zur Wasserstoffentfernung in Abhängigkeit vom Stückdurch-
messer dargestellt (Abb. 2). Zum Vergleich sind die Glühzeiten für eva-
kuierte Stähle mit eingetragen. Selbst bei Stückdurchmessern von 2000 mm
kann $^2/_3$ der Zeit eingespart werden. Die Wirtschaftlichkeit für die Vakuumbehandlung ist hierbei einwandfrei erwiesen, da neben der Produk-
tionsverkürzung das Fertigungsrisiko verringert ist. Darüber hinaus fällt die

kostspielige Lagerhaltung vorgeschmiedeter Blöcke fort. Bei kleinen Abmessungen (bis 500 mm $\varnothing$) flockenempfindlicher Schmiede- und Walzprodukte entfallen die Glühbehandlungen vollständig. Sie können nach der Warmformgebung gefahrlos an Luft abgelegt werden.

Ein weiteres Ziel der Vakuumbehandlung besteht in der Verringerung des Sauerstoffgehaltes und in der dadurch zu erreichenden Verringerung der nichtmetallischen Einschlüsse. Durch weitgehende Einschränkung der sonst üblichen Fällungsdesoxydation mit flüssigen oder festen Reaktionsprodukten ist dies bei der Anwendung einer Vakuumdesoxydation, auf deren Vorteile *W. Eilender* bereits 1924 hingewiesen hat, mit gasförmig abgeschiedenen Reaktionsprodukten möglich. Selbst bei legierten Schmiedestählen wird angestrebt, einen Teil der Desoxydation durch eine Vakuumbehandlung über die Gasphase durchzuführen bzw. die Reduktion bereits vorliegender Oxyde im Vakuum zu erwirken. Die Sauerstoffverringerung als alleiniges Ziel liegt bei weichen unlegierten Stählen vor, teilweise, um nach der Vakuumdes-

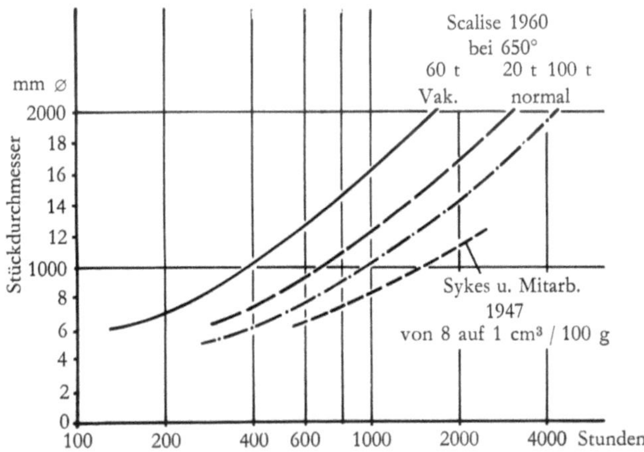

Abb. 2: Wirksame Glühzeiten auf unschädlichen H_2-Gehalt

oxydation halbberuhigten Stahl zu vergießen, teilweise, um Al-beruhigte Tiefziehgüten zu erzeugen. So ist bei vielen Stahlprodukten eine Vakuumbehandlung unter sehr unterschiedlicher Zielsetzung erwünscht.

Bei der Vakuumbehandlung des Stahles wird die Druckabhängigkeit des Löslichkeitsgleichgewichtes des Wasserstoffs und des Reaktionsgleichgewichtes zwischen Kohlenstoff und Sauerstoff ausgenutzt, um die Konzentrationen von Wasserstoff und Sauerstoff im Stahl zu verringern (siehe Abb. 3).

Reaktionen: $[C] + [O] \rightleftharpoons CO$ $\qquad$ $2[H] \rightleftharpoons H_2$

Druckabhängigkeit: $K_1 = \dfrac{[C] \cdot [O]}{P_{CO}}$ $\qquad$ $K_2 = \dfrac{[H]}{\sqrt{P_{H_2}}}$

[O] und [H] werden mit abnehmendem Druck kleiner

Entgasungsgeschwindigkeit:
    wird beeinflußt durch die Gaskeimbildung und die Diffusion in der Schmelze.
    Die Gaskeimbildung wird sehr stark begünstigt durch turbulente Strömung an den
    Stellen des Stahles, an denen die Entgasung stattfindet.
    Die Diffusionswege werden durch Aufteilen der Schmelze in kleine Tröpfchen
    verringert.

Abb. 3: Grundlagen der Stahlentgasung

Die Entgasung läuft so ab, daß bei Druckverminderung eine Übersättigung vorliegt und dadurch die an den Reaktionen beteiligten Gase nach Art eines Siedevorganges ausgetrieben werden. Bei der Kohlenstoff-Sauerstoff-Reaktion sind auch die Desoxydationsreaktionen zu berücksichtigen. Liegt z. B. der Sauerstoff nicht als Eisen- und Manganoxydul oder als Chromoxyd vor, sondern in Form von Silikat-, Aluminat- oder Tonerdeteilchen, so wird entsprechend dem Vakuum und der Temperatur nur eine geringe oder gar keine Reduktion dieser Oxyde möglich sein. Die Gesetzmäßigkeiten dieser Gleichgewichte wurden bereits 1920–1930 an der Technischen Hochschule Aachen von *W. Eilender* und *H. Schenck* in ihren Grundlagen erforscht und in ihrer Bedeutung erkannt.

Bei allen Stahlentgasungsverfahren konnten die theoretisch erarbeiteten Forderungen, den Stahl in vollständig unberuhigtem Zustand im Vakuum zu behandeln, nicht erfüllt werden; im wesentlichen deshalb nicht, weil bei der langen Behandlungszeit die Temperaturabnahme zu groß war und die nachträgliche Zugabe von Legierungen weitere Temperaturverluste nach sich zog. Daher wird im allgemeinen der Stahl so weit vordesoxydiert, daß die Sauerstoffspitzen bereits abgebaut sind und der größte Teil der Legierungselemente zugegeben werden kann. Die Vakuumbehandlung wird dadurch zeitlich abgekürzt, und die Vakuumdesoxydation kann im Hinblick auf die Verbesserung des Reinheitsgrades noch voll ausgenutzt werden. Bei entsprechend niedrigem Druck wird ein Teil der bereits vorliegenden Silikate reduziert, und ein weiterer Teil der flüssigen Einschlüsse wird durch die im allgemeinen vorliegende Turbulenz und Konvektion im Stahl zu größeren Tröpfchen koaguliert und kann aufsteigen.

Für eine schnelle und vollständige Entgasung müssen außer den thermodynamischen Gesetzmäßigkeiten kinetische Überlegungen beachtet werden. Auch bei einer größeren Übersättigung können sich keine Gaskeime in der homogenen Metallphase bilden, weil z. B. eine 0,1 mm große Gasblase infolge der Oberflächenspannung des Stahles bereits einen Innendruck von 450 Torr hat. Die Gaskeimbildung, welche die Geschwindigkeit des Reaktionsablaufes bestimmt, kann entweder an einer rauhen Oberfläche, z. B. der feuerfesten Auskleidung, oder in turbulenter Strömung auftreten. Während sie im Falle der feuerfesten Oberfläche nur langsam abläuft und örtlich begrenzt ist, kann eine momentane Gaskeimbildung durch turbulente Strömung in den Teilen der Schmelze erzwungen werden, die entgasen sollen. Für die Entgasungsgeschwindigkeit ist weiterhin die Entgasungsoberfläche maßgebend, an der die durch Diffusion herangeführten Gase abgeschieden werden. Dies wird durch eine möglichst feine Aufteilung des Stahles in kleine Tröpfchen bewirkt.

Außerdem bestehen sehr erfolgversprechende Möglichkeiten, durch eingeleitete Reaktionsgase in die Gleichgewichte einzugreifen und sie zu niedrigeren Konzentrationen der gelösten Gaskomponente zu verschieben, z. B. zur Sauerstoffverringerung durch Einleiten von Wasserstoff oder Tetrachlorkohlenstoff für die Wasserstoffverringerung. Es sind weiterhin Möglichkeiten vorhanden, die jedoch aus Kostengründen wohl kaum zum Tragen kommen werden, mittels Zugabe von Metallen wie Lanthan, Lithium, Kalzium, Zinn oder Magnesium gasförmige Reaktionsprodukte zu erzeugen, die während der Entgasung abgeführt werden. Hierdurch stehen Möglichkeiten offen, den Sauerstoff- und den Schwefelgehalt des Stahles zu verringern. Auch sind bereits Möglichkeiten erwähnt worden, durch Zugabe synthetischer Schlacken im Vakuum besonders günstige Effekte im Hinblick auf die Schwefel- und Phosphor-Konzentration und den Reinheitsgrad des Stahles zu erzielen.

2.3 Wirkungsweise der verschiedenen Verfahren

In den letzten 15 Jahren wurden in deutschen Stahlwerken eine Reihe verschiedener Vakuumbehandlungsverfahren entwickelt. Auf einer Konferenz in den USA wurde diese Situation mit der Bemerkung umrissen, daß jedes deutsche Stahlwerk sein eigenes Verfahren habe. Dies ist nicht allein auf einen lückenlosen Patentschutz einzelner Verfahren, wie *W. Küntscher*

annimmt, oder auf ungenügende Zusammenarbeit innerhalb der deutschen
Stahlindustrie zurückzuführen. Eine Begründung hierfür ist vielmehr, wie
A. Mund es darlegt, darin zu suchen, daß die Zielsetzungen infolge verschiedener Qualitätsprogramme der Werke unterschiedlich waren. Die Entwicklung ist keinesfalls abgeschlossen, und eine objektive Beurteilung der vorhandenen Verfahren im Hinblick auf Einsatz und Wirtschaftlichkeit ist
noch nicht möglich.

2.31 Durchlaufverfahren (Gießstrahl-BV). 1950 hat der Bochumer Verein Versuche unternommen, über die 1955 erstmalig berichtet wurde, um zu
prüfen, ob eine Stahlentgasung im Vakuum für die betriebliche Herstellung
großer Schmiedestücke möglich ist. Für diese Behandlungsmethode wurde
die Vakuum-Gießstrahlentgasung entwickelt.

Bei diesem Verfahren wird in einen Vakuumraum gegossen und der Gießstrahl auf seinem Wege vom Einguß in die Kokille bzw. Pfanne entgast. Die
apparativen Vorrichtungen sind in Abb. 4 wiedergegeben. In einer Vakuum-
kammer, die mit einem Deckel verschlossen ist und über eine Leitung mit der
Vakuumpumpe in Verbindung steht, befindet sich die Kokille bzw. Pfanne.
Nach einer Vorevakuierung des Gefäßes wird der Stahl über eine Zwischen-
bzw. Abstichpfanne abgegossen. Die Gießgeschwindigkeit beträgt etwa 3 bis
6 t/min. Der erreichbare Vakuumdruck ist von der Größe der Pumpenleistung abhängig. Das Vakuum soll besser als 3 Torr sein. Nach Möglichkeit

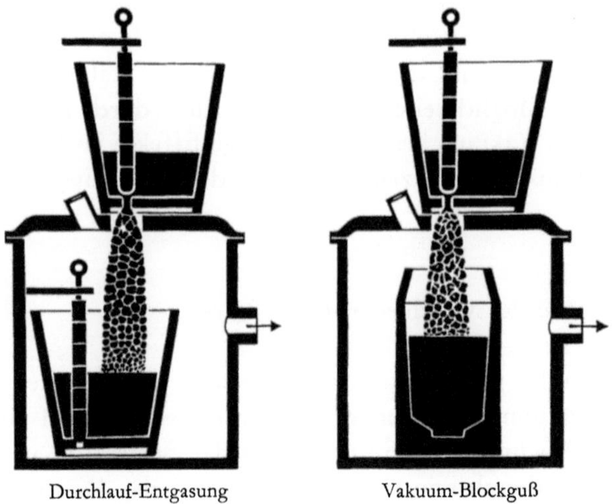

Abb. 4: Gießstrahlentgasungsverfahren des BV

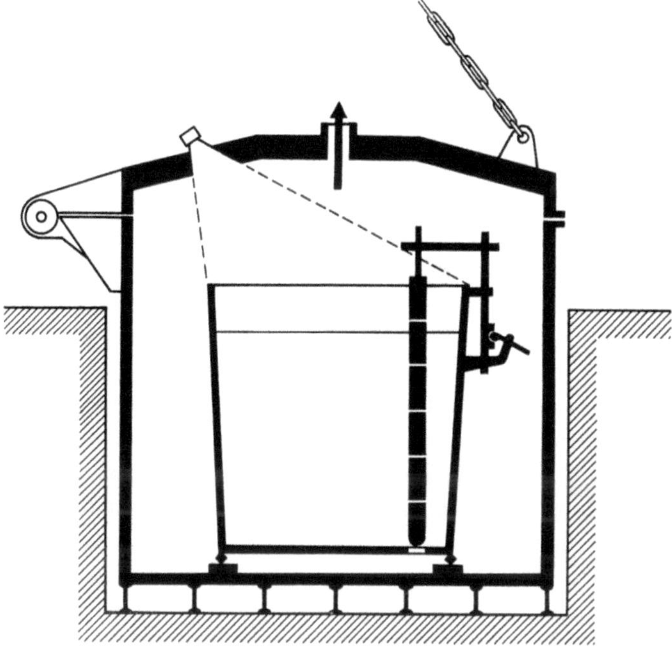

Abb. 5: Pfannenentgasung

wird etwa 0,5 Torr angestrebt. Bei diesem Verfahren wird der Gießstrahl in kleine Tröpfchen aufgeteilt, so daß die Entgasung über der großen Oberfläche stattfinden kann. Um bei der zur Verfügung stehenden Fallzeit eine vollständige Entgasung des Wasserstoffes zu erhalten, soll der Tropfendurchmesser kleiner als 5 mm sein.

2.32 Pfannenentgasungsverfahren. Ein weiteres Verfahren, die Pfannenentgasung, läßt sich in seiner ersten Anwendung nicht genau nachweisen. Vorgeschlagen wurde es bereits 1855 von *Bessemer*. Nachdem genügend große Vakuumpumpen zur Verfügung stehen, um das bei diesem Verfahren erforderliche niedrige Vakuum zu erzeugen, wird das Verfahren in mehreren Stahlwerken durchgeführt. Man geht in der Weise vor, daß man die gesamte Gießpfanne in einen Vakuumraum setzt, der nach Schließen des Deckels evakuiert wird (Abb. 5).

Die Vorbereitungsarbeiten, wie das Einsetzen der Pfanne, Abdichten des Deckels und das Vorevakuieren des Vakuumgefäßes bedingen eine zusätzliche Temperaturabnahme des Stahles. Nachdem der Arbeitsdruck erreicht ist,

tritt bei unberuhigten Stählen eine heftige Bewegung ein, bei der der Stahl
in der Pfanne aufwallt und das Gas abgibt. Infolge der Bewegungen wird der
Pfanneninhalt umgewälzt und der Stahl aus den tieferen Schichten nach oben
befördert. Obwohl bei diesem Verfahren beruhigte Schmelzen auch eine gewisse eigene Kochbewegung zeigen, wird durch Einleiten von Rührgas eine
künstliche Badbewegung erzeugt. Das Rühren ist besonders beim Zusatz von
Desoxydations- und Legierungsmitteln zur Durchmischung erforderlich. Vor
der Entgasung wird die Pfanne weitgehend abgeschlackt, da sonst zunächst
die Schlacke reduziert werden muß und möglicherweise die Entgasung des
Stahles verzögert wird.

2.33 Heberverfahren (DHHU). Um die Entgasungsbedingungen gegenüber einer Pfannenentgasung zu verbessern, wurde das Vakuum-Heberver-
fahren entwickelt. Bei diesem Verfahren wird die Entgasung in einem besonderen Gefäß, welches mit einem Stutzen in den Stahl taucht, oberhalb
der normalen Gießpfanne durchgeführt. Hierzu wird jeweils eine Teilmenge
durch Absenken des Hebersystems angesaugt und nach einer gewissen Zeit
wieder abgelassen. Abbildung 6 zeigt schematisch diesen Vorgang. Mit einer
Frequenz von 1,5 bis 3 Hüben je Minute wird in etwa 25 bis 40 Hub- und
Senkbewegungen insgesamt soviel Stahl angesaugt, daß der Pfanneninhalt
drei- bis fünfmal umgeschlagen wird. Etwa 10 % des Pfanneninhaltes werden bei jedem Hub im Entgasungsgefäß aufgenommen. Das Entgasungsgefäß

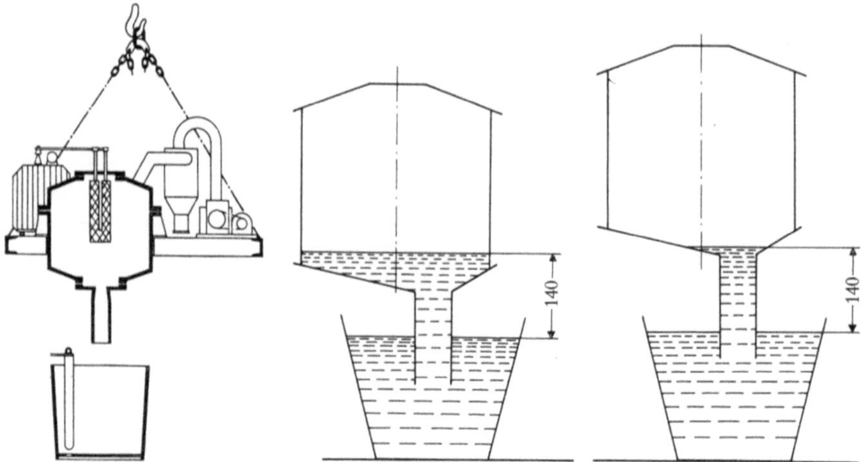

Abb. 6: Vakuum-Anlage in der Dortmund-Hörder Hüttenunion AG

hat einen Durchmesser von 2 bis 3 Metern, damit durch große Stahlober-
fläche und geringe Badtiefe günstige Entgasungswirkungen erreicht werden.
Um die Temperaturverluste zu mildern, wird die f.f.-Auskleidung des
Gefäßes mit elektrischer, Öl- oder Gas-Beheizung auf hohe Temperatur
(1500° C) vorgewärmt. Die Zugabe von Desoxydationsmitteln für die
Restdesoxydation und Legierungsmitteln erfolgt im Vakuum durch Einschleusen in das Entgasungsgefäß.

2.34 Umlaufverfahren (Ruhrstahl-Heraeus). Das Umlaufentgasungsverfahren erfordert nur ein relativ kleines Entgasungsgefäß (Innendurchmesser
1 m), welches mit zwei Umlaufrohren in den Stahl eintaucht (Abb. 7). Wegen
der geringen Gefäßgröße ist der Arbeitsdruck von etwa 1 Torr bereits 1 Minute nach dem Anfahren der Vakuumpumpe erreicht. Nach Einschalten des
Fördergases ist der Prozeß in vollem Gange. Durch diese Anordnung gelingt
es, den Stahl mit einer Geschwindigkeit von etwa 10 t/min kontinuierlich durch
den Entgasungsraum zu transportieren, wie durch zahlreiche Untersuchungen, u. a. mittels radioaktiver Isotope belegt ist. Im einzelnen erfolgt beim
Einleiten des Fördergases in das Ansaugrohr durch die Volumenvergröße-
rung des Gases eine Beschleunigung des Stahles. Die bei der Geschwindigkeit
vorliegende Turbulenz bewirkt eine momentane Gaskeimbildung im Auf-
stiegrohr. Der Stahl tritt mit großer Geschwindigkeit, stark mit Gasblasen
durchsetzt, in den Entgasungsraum ein und wird in kleine Teilchen ausein-

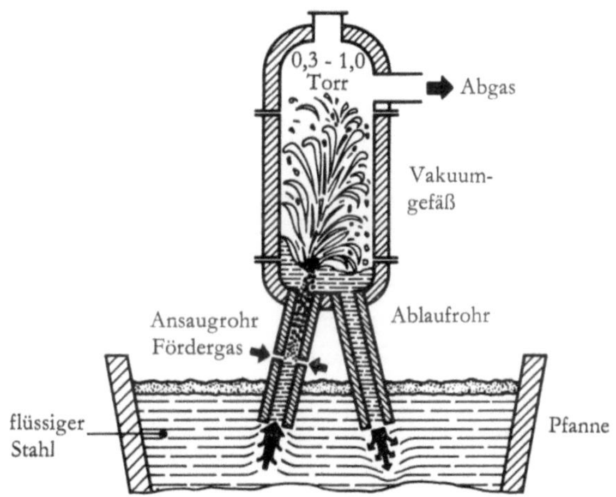

Abb. 7: Ruhrstahl-Heraeus-Umlaufverfahren

andergerissen. Die Entgasung läuft infolge der großen Oberfläche schnell und vollständig ab. Durch das zweite Rohr gelangt der entgaste Stahl in die Pfanne zurück und mischt sich hier mit dem übrigen Pfanneninhalt. Durch Markierung mit radioaktivem Gold wurde belegt, daß sich jeder Punkt der Pfanne während des Prozesses in 2 min homogen über den ganzen Pfanneninhalt verteilt. Die Zugabe von Legierungszusätzen und Desoxydationsmitteln kann daher in einfacher Weise – ohne den Entgasungsablauf plötzlich zu unterbinden – durch Einbringen in die Gießpfanne erfolgen.

Durch den kontinuierlichen Umlauf wird die Entgasungszeit unter konstant bleibenden Entgasungsbedingungen voll ausgenutzt, so daß ein zweimaliger Umschlag der gesamten Stahlmenge für eine 90 %ige Entgasung ausreicht.

Bei diesem Verfahren besteht die Möglichkeit, daß außer dem inerten Fördergas, z. B. Ar, auch Reaktionsgase oder verdampfende Flüssigkeiten, die Reaktionen mit dem Sauerstoff bzw. Wasserstoff des Stahles bewirken, eingeleitet werden können.

Normalerweise wird das Umlaufverfahren für die Vakuumbehandlung des Stahles in der Gießpfanne eingesetzt. Als Weiterentwicklung wird es unmittelbar im Elektroofen verwendet. Hierbei wird nach abgeschwenktem Deckel das Entgasungsgefäß in den Elektroofen eingefahren.

2.35 Elektrodenabschmelz-Verfahren. Mitzunennen ist in diesem Rahmen der Vakuumlichtbogenofen mit abschmelzender Elektrode. Da die Betriebskosten wesentlich höher als bei den zuvor genannten Verfahren liegen, kommt ein Einsatz nur für sehr hochwertige Stahlerzeugnisse in Frage, z. B. für Raketensätze.

Bei diesem Verfahren (Abb. 8) wird eine Stahlelektrode mit der Zusammensetzung des fertigen Blockes im Vakuum bei einem Druck von etwa 10^{-3} Torr abgeschmolzen. Der Lichtbogen brennt gegen den bereits abgeschmolzenen Stahl, der in einer wassergekühlten Kupferkokille erstarrt. Stromstärke, Abbrenngeschwindigkeit und Erstarrung in der Kokille müssen sorgfältig aufeinander abgestimmt sein.

Es werden Anlagen mit Blockgewichten von 25 t betrieben, und solche für 50 t Gewichte sind geplant. Vielfach ist vorher eine Vakuumbehandlung des Elektrodenmaterials nach einem der anderen Verfahren erforderlich.

2.4 Anwendung und Ergebnisse. Der Wasserstoffgehalt läßt sich bei der Vakuumbehandlung von im Mittel 4,5 ml/100 g auf ca. 1,7 ml/100 g im

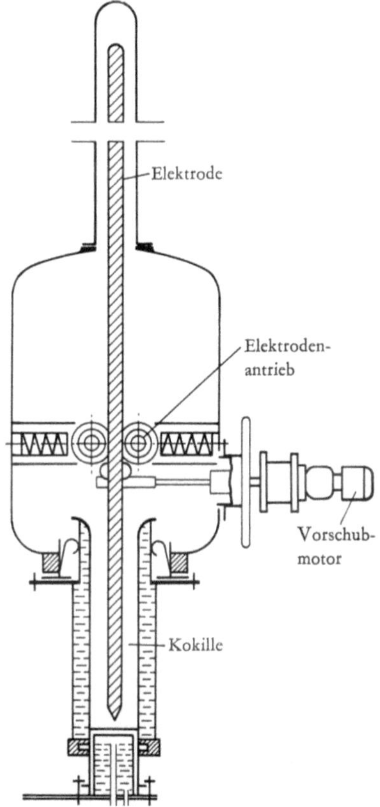

Abb. 8: Vakuumlichtbogenofen mit abschmelzender Elektrode

flüssigen Stahl verringern. Das ist eine Verringerung um 60% (Abb. 9). Diese Möglichkeit besteht für alle Verfahren bei entsprechend niedrigem Druck und ausreichender Behandlungszeit.

Durch die Wasserstoffverringerung wird nicht nur eine wesentliche Verkürzung der Glühzeit möglich, sondern es liegen auch bei großen Schmiedestücken aus Vakuumstahl nach dem Glühen Wasserstoffgehalte vor, die 1 ml/100 g niedriger und über den Stückquerschnitt gleichmäßiger sind als bei Stücken normaler Fertigung. Dies ist nicht nur auf die geringeren Ausgangsgehalte vor der Glühung, sondern auch auf die günstigeren Diffusionsmöglichkeiten infolge des besseren Reinheitsgrades zurückzuführen.

Der geringe Gasgehalt des Vakuumstahles macht sich auch bei der Erstarrung des Blockes bemerkbar. In Abbildung 10 sind Baumannabdrücke aus

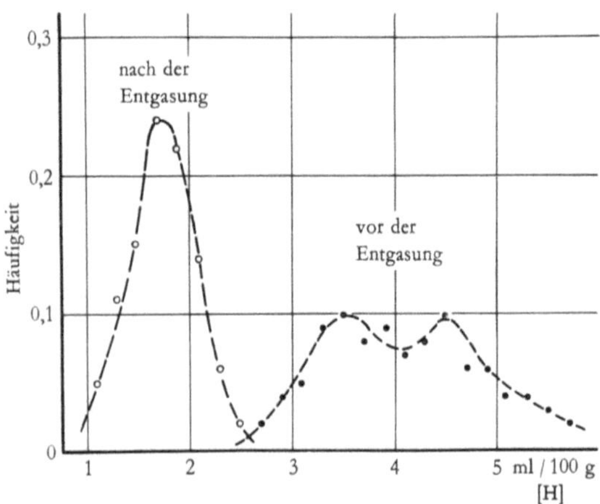

Abb. 9: Umlaufentgasung Wasserstoff im Stahl

dem oberen Teil des Blockes von einem normalen Stahl und einem Vakuumstahl gegenüber gestellt. Der wesentliche Unterschied liegt darin, daß beim
Vakuumstahl im Kern keine Seigerungskonzentrationen auftreten. Abgesehen davon sind allgemein die Gasblasenseigerungen geringer.

Die Abnahme des Sauerstoffgehaltes ist, außer von den verfahrensbeding-
ten Unterschieden, von der Ausgangskonzentration und der Zusammensetzung des Stahles abhängig. Allgemein können etwa folgende Sauerstoffver-
ringerungen erzielt werden:

unter weißer Schlacke hergestellte Elektrostähle:	20–30 %
unter schwarzer Schlacke hergestellte Elektrostähle:	40–50 %
beruhigte SM-Stähle:	40–50 %
teilberuhigte SM- oder Elektrostähle:	70–75 %
unberuhigte oder schwach mit Aluminium beruhigte Stähle:	etwa 70 %
unberuhigter Stahl mit niedrigem Kohlenstoffgehalt:	bis 80 %

Hierbei tritt besonders in Erscheinung, daß das breite Streuband der Sauerstoffgehalte normal erschmolzener Stähle bei den vakuumbehandelten Stählen wesentlich eingeengt ist und damit eine gleichmäßige Produktion erreicht
wird.

Im allgemeinen können durch eine Vakuumbehandlung Sauerstoffgehalte
zwischen 20 und 60 g/t erreicht werden. Mit dem Sauerstoffabbau wird gleichzeitig eine Verringerung der oxydischen Einschlüsse erreicht, teilweise dadurch, daß die Desoxydation mit Silicium oder Aluminium erst nach der

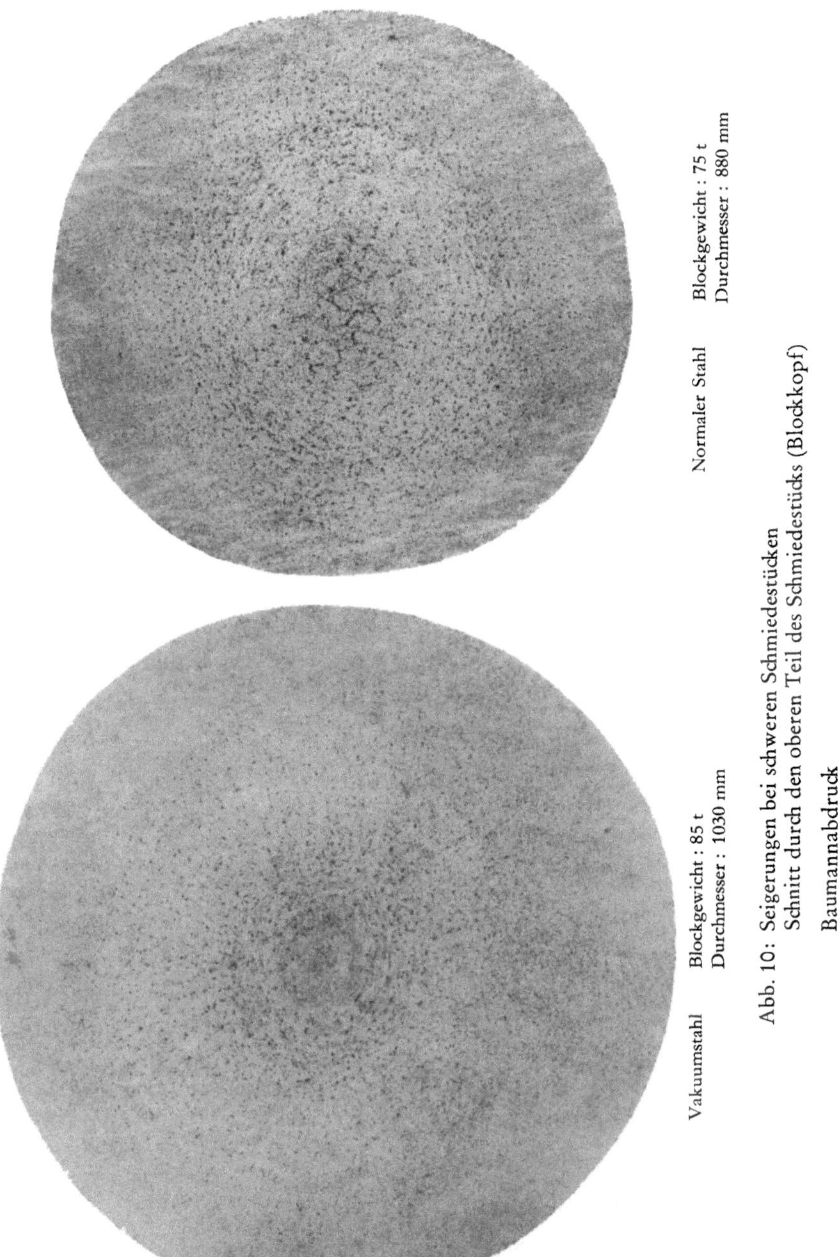

Abb. 10: Seigerungen bei schweren Schmiedestücken
Schnitt durch den oberen Teil des Schmiedestücks (Blockkopf)
Baumannabdruck

Vakuumbehandlung erfolgt, teilweise, weil bei der Vakuumbehandlung bereits vorliegende Oxyde reduziert werden. Bei den Verfahren mit stärkerer Stahlbewegung koaguliert ein Teil der vorhandenen Einschlußtröpfchen und kann infolge seiner Größenzunahme leicht aufsteigen. Rückstandsisolierungen vakuumbehandelter und normal erschmolzener 100-t-Elektroschmelzen zeigen, daß die oxydischen Einschlüsse durch eine Vakuumbehandlung im Mittel um 50 % verringert werden.

	normale Schmelzen ppm	entgaste Schmelzen ppm	Verringerung %
Nichtmetallische Einschlüsse	157	79	49,5
SiO_2	37	25	32,5
Al_2O_3	94	36	62
$MnO + FeO$	7,9	2,9	63
Cr_2O_3	4,7	1,5	68
andere Oxyde	14,4	12,6	—

Für die Steigerung des Reinheitsgrades ist nicht nur die Verringerung der Gesamteinschlußmenge von Bedeutung, sondern die viel wichtigere Tatsache, daß durch eine Vakuumbehandlung die Größe der Einschlüsse abnimmt und eine wesentlich gleichmäßigere Verteilung erzielt wird. Mikroskopische Untersuchungen des Reinheitsgrades, bei der Größe und Anzahl der Einschlüsse erfaßt werden, ergeben eine Verbesserung bei den Silikateinschlüssen um 40–50 % und bei den Tonerdeeinschlüssen um etwa 80 % (Abb. 11).

Die Verringerung des Wasserstoffgehaltes und der bessere Reinheitsgrad sind bei den legierten und unlegierten Schmiedestählen von Bedeutung. Bei

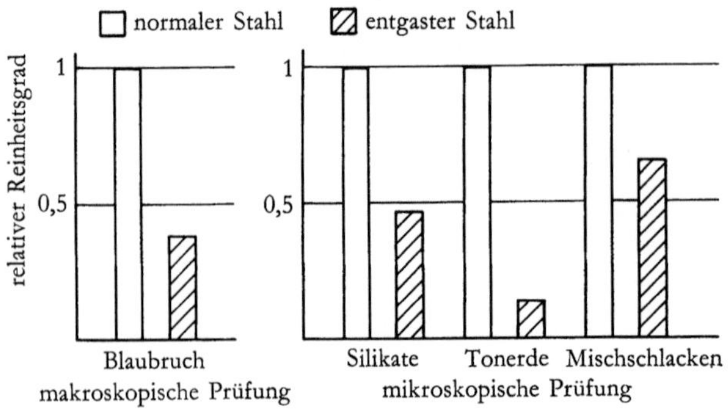

Abb. 11: Umlaufentgasung Reinheitsgrad

den Vergütungs-, Einsatz- und Werkzeugstählen, sowie bei Stählen für Transformatorenbleche steht der Reinheitsgrad im Vordergrund. Das letztere trifft ebenfalls für weiche Kohlenstoffstähle in Tiefziehgüte zu.

Ganz allgemein werden durch eine Vakuumbehandlung folgende Eigenschaften verbessert:

Die Dehnungs- und Einschnürungswerte werden vielfach um 10–20 % erhöht. Die Festigkeitswerte längs und quer zur Verformungsrichtung gleichen sich gegenüber unbehandelten Stählen mehr aneinander an. Bei Tiefziehstählen ist eine um mehrere Prozent größere Tiefung nachzuweisen. Beim Fließpressen kann das sehr unangenehme Ab- und Aufreißen vermieden werden. Die spanabhebende und automatische Bearbeitbarkeit wird beachtlich verbessert. Bei Einsatzstählen bringt die Vakuumbehandlung sehr gleichmäßige Diffusionszonen und damit gleichmäßige Härte. Die Schwierigkeit durch Weichfleckigkeit tritt nicht mehr auf. Kalt zu verformende Stähle für Rohre in Reduzierverfahren und Kaltfließpreßstähle neigen weniger zu hohen Verfestigungen, so daß in den meisten Fällen auf eine Glühung nach dem Kaltverformen verzichtet werden kann. Diese Beispiele zeigen, in welcher Richtung Verbesserungen des Stahles durch eine Vakuumbehandlung erreicht werden können.

3. Ausblick auf weitere Entwicklung

Die Anwendung der Stahlentgasungsverfahren erstreckt sich vom hochwertigen Schmiedestück bis zum Massenstahl. Die Vielfalt der aufgezeigten Wege bietet dem Stahlwerker die Möglichkeit, das für seine Probleme geeignete Verfahren einzusetzen. Sei es, um ganz spezielle Qualitäten zu behandeln oder eine universelle Anwendungsmöglichkeit für ein verschiedenartiges Programm zu haben, wie es zum Beispiel in Qualitätsstahlwerken vorliegt.

Bisher sind in Deutschland mehr als 15 Anlagen in Betrieb. Wenn auch noch vor einigen Jahren die Einsatzmöglichkeiten erschöpft schienen, so ergeben sich doch immer noch weitere Anwendungen. Wohin letztlich der Weg führen wird, ist noch nicht abzusehen. Jedenfalls hat die Vakuumbehandlung einen Teil der Arbeit der metallurgischen Öfen, die gegen Ende der Schmelze besonders zeitraubend ist, übernommen und wird in verstärktem Maße in diesem Rahmen eingesetzt.

Verwendete Literatur

A. Mund, Über die Möglichkeit der Vakuumbehandlung von flüssigem Stahl
Stahl und Eisen 82 (1962), S. 1485–1499
G. Hoyle, The removal of gases from molten
Steel in bulk BISRA Jan./Febr. 1960
W. Küntscher, 10 Jahre großtechnische Vakuumentgasung von Stahl
Neue Hütte, Juli 1960
J. Hofmaier, Probleme der Vakuummetallurgie in der Stahlherstellung
Berg- u. Hüttenmännische Monatshefte, Juni 1960, S. 125–131
A. Tix, Betriebliche Anwendung der Stahlentgasung im Vakuum, besonders bei großen
Schmiedeblöcken
Stahl und Eisen 76 (1956), S. 61
F. Harders und Mitarbeiter, Die großtechnische Behandlung von Stahlschmelzen unter vermindertem Druck
Stahl und Eisen 76 (1956), S. 1721
W. Eilender, A. v. Bohlen u. Halbach und *O. Meyer,* Zur Erschmelzung von Stählen im
Vakuum
Arch. Ehw. März 1934
H. Thielmann, H. Maas, Stahlentgasung nach dem Umlaufverfahren
Stahl und Eisen (1959), S. 276–282

Als Beispiel für den betrieblichen Ablauf einer Vakuumbehandlung wurde ein Film der Ruhrstahl AG über das Umlaufentgasungsverfahren vorgeführt. Dadurch sollten die Einzelheiten einer Vakuumbehandlung eines 100 t Elektrostahles vermittelt werden.
Außerdem wurden eine Reihe von Bildern aus den Betrieben der Ruhrstahl gezeigt, welche die Besonderheiten der Produktion schwerster Schmiedestücke erkennen lassen.

Summary

In recent decades vacuum distillation has been widely applied in steel production. Such additional treatment methods are adopted in order to reduce as much as possible the gas content in liquid steel, thereby increasing the quality of steel products and achieving advantages in processing. The gases involved here are hydrogen and oxygen. Especially in the case of large piece diameters, the normally high concentration of hydrogen requires laborious diffusion annealing in order to avoid flakes. Oxygen extraction considerably improves the degree of purity, and it is significant that the reduction of the oxygen content permits the addition of oxygen-refined alloying elements with minimum melting loss and compliance with certain analysis regulations.

With varying aims in relation to certain steel qualities, several large-scale technical vacuum treatment processes have been developed and operationally adopted for melting units between 20 and 200 tons. In the operation of steel works such processes are employed between smelting in the furnace and casting in the casting pit. While the first processes aim at vacuum treatment during casting (distillation of casting stream), recent developments have shown an increasing trend towards the furnace. This tendency underlies the intention of carrying out vacuum treatment as early as during run-off (run-off distillation) or even in the furnace itself (rotatory distillation in the electric furnace). Besides these processes, the report also describes siphon and ladle distillation and rotatory distillation in the ladle, and reference is made to the electrode smelting process as a special vacuum remelting process.

The success of the process is described in the light of the achieved distillation effects. The application of the steel distillation process extends from high-grade forgings to mass steel; with regard to quality, their influence is observed in the greater uniformity and degree of purity in vacuum steels.

Résumé

Le dégazage à vide a connu dans les dernières décennies une vaste application dans la production d'acier. De telles méthodes de traitement accessoire sont appliquées pour réduire le mieux possible la teneur en gaz de l'acier liquide, et pour parvenir ainsi à une augmentation de qualité des produits d'acier et à des avantages lors de la fabrication. Les gaz en question sont l'hydrogène et l'oxygène. Les concentrations de l'hydrogène normalement les plus hautes demandent, surtout quand il s'agit de grands diamètres de pièce, un traitement de diffusion par incandescence de longue durée pour éviter des flocons. L'élimination de l'oxygène signifie une augmentation essentielle du degré de pureté. Ici il est également d'importance que la diminution de la teneur en oxygène rend possible une application d'éléments d'alliage réagissant avec l'oxygène ce qui produise une créma diminuée et donne lieu à une observation facilitée de certaines prescriptions d'analyse.

Avec des intentions assez différentes en vue de certaines qualités d'acier on a développé plusieurs procédés de traitement à vide de grande technique et on les a utilisés dans la fabrication pour des unités de fonte entre 20 et 200 t. De tels procédés sont appliqués dans les opérations des usines d'acier entre la fonte dans le four et le coulage dans la fosse de coulée. Tandis que les premiers procédés ont pour but un traitement à vide lors du coulage (dégazage du jet coulé), les derniers développements s'approchent de plus au plus four. Cette tendance de développement est fondée sur l'intention d'exécuter le traitement à vide déjà lors de la percée (dégazage de percée) ou dans le four même (dégazage de circulation dans le four électrique). A part de ces procédés le dégazage dans la poche de coulée, le dégazage dans le tuyau à siphon et le dégazage de circulation dans la poche de coulée sont décrits dans le rapport. Comme un procédé spécial de refonte à vide le procédé de fonte par électrodes est mentionné.

Les résultats des procédés sont décrits en se basant sur les effets de dégazage atteints. L'application des procédés de dégazage d'acier se réfère soit aux pièces forgées de haute valeur soit à l'acier de masse. Du point de vue de la qualité c'est surtout une uniformité supérieure et un degré de pureté plus élevé des aciers à vide qui portent des effets.

ANHANG

Tafel 1:
Vorschmieden eines 200-t-Blockes
für einen Bahngenerator

Läufer von Generatoren (Stromerzeugern) unterliegen
ihrer großen Abmessungen und hohen Drehzahl wegen
hoher Fliehkraftbeanspruchung. Weitgehend gleich-
bleibende mechanische Eigenschaften auch im Innern
der großen Querschnitte und völlige Fehlerfreiheit
sind unumgängliche Voraussetzungen für betriebssicheres
Verhalten dieser anspruchsvollen Großschmiedestücke.
Die betriebstechnische Anwendung der Vakuumbehandlung zur Stahlentgasung hat die Sicherheit in der
Herstellung dieser Teile wesentlich vergrößert.
Tafel 1 zeigt das Vorschmieden eines 200-t-Rohblockes
aus CrNiMo-legiertem Sonderstahl unter der 6000-t-
Schmiedepresse zur Herstellung des schweren Läufers
für einen Bahnstrom-Erzeuger.

Die erforderliche Verformung auch von großen
Schmiede-Rohblöcken zur Sicherung der mechanischen
Eigenschaften ohne schädigenden Abfall zum Inneren
hin wird durch abwechselndes Stauch- und Reck-
schmieden erreicht. Tafel 2 zeigt das Stauchen
eines 200-t-Rohblockes unter der 6000-t-Schmiedepresse.

HYDRAULIK
...BURG

Tafel 3:
Fertigschmieden eines Läuferkörpers
für einen Bahngenerator

Das Fertigschmieden des Läufers für einen Bahnstrom-
Erzeuger zeigt Tafel 3. Derartige Läufer sind durch
besonders große Abmessungen und hohe Gewichte
gekennzeichnet. Im vorliegenden Fall handelt es sich
um einen Läufer mit einem Ballendurchmesser von
1557 mm und einer Gesamtlänge von 11 060 mm.
Das Gewicht des rohen Schmiedestückes beträgt 125 t,
das Liefergewicht nach spanabhebender Bearbeitung
99,5 t. Ausgegangen wird von einem Rohblock mit 200 t
Gewicht. Die Herstellung dieser kritischen Erzeugnisse
stellt hohe Anforderungen an Können und Betriebs-
einrichtungen des Schmiedewerkes.

▼

Tafel 4:
Geschmiedeter ND-Turbinenläufer

Zu den Spitzenerzeugnissen eines Großschmiedewerkes
zählen die hochbeanspruchten Läufer der Dampfturbinen
und hiervon wiederum besonders die großen Läufer
der Niederdruck-(ND)-Stufe. An diese Teile werden
höchste Anforderungen gestellt hinsichtlich völlig
einwandfreier Werkstoffbeschaffenheit und hoher
mechanischer Eigenschaften, um sicheres Betriebsverhalten
zu gewährleisten. Tafel 4 zeigt den fertiggeschmiedeten
Rohling eines solchen Läufers mit einem größten
Durchmesser im Ballenteil von 1630 mm und einer
Gesamtlänge von 9600 mm, Schmiedegewicht 90 t,
Gewicht des Rohblockes, von dem die Fertigung ausgeht,
132 t.

▼

Tafel 5:
Geschmiedeter Hochdruckmantel

In der organischen und anorganischen Chemie laufen
eine Vielzahl von Synthesen in Gegenwart von Wasserstoff bei hohen Drücken (bis 100 atü) und hohen
Temperaturen (bis 600° C) ab. Bei den erforderlichen
Reaktionsgefäßen handelt es sich um geschmiedete
Hohlkörper, die höchste Anforderungen an Werkstoffbeschaffenheit, mechanische Eigenschaften bei den hohen
Betriebstemperaturen und Betriebsdrücken sowie
Beständigkeit gegen die Aggression durch Wasserstoff
unterliegen. Die zur Verwendung kommenden Stähle
stellen unter Berücksichtigung dieser Anforderungen eine
besondere Entwicklungsreihe dar. Auf Tafel 5 ist der
als Hohlkörper nahtlos geschmiedete Mantel eines HD-
Gefäßes für 325 atü Betriebsdruck zu sehen. Der größte
Durchmesser beträgt 2060 mm, die Gesamtlänge
11 700 mm. Gewicht des Schmiedeteiles 125 t,
Gewicht des Ausgangsblockes 200 t. Zur Verhinderung
der Werkstoffzerstörung durch den Angriff des unter
hohem Druck und hoher Temperatur stehenden Wasserstoffes ist die Verwendung eines gegen diese Betriebsverhältnisse beständigen, mit etwa 3 % Cr sowie Mo
legierten Sonderstahles erforderlich.

▼

Diese Tafel zeigt einen Läufer für den Niederdruck-
(ND)-Teil einer Dampfturbine während der span-
abhebenden Bearbeitung. Der Läufer ist aus einem
auf die Betriebsverhältnisse abgestimmten, mit Ni, Cr,
Mo und V legierten Sonderstahl hergestellt. Größter
Scheibendurchmesser 1630 mm, ganze Länge 9600 mm,
Rohblockgewicht 132 t, Gewicht des geschmiedeten
Läufers 90 t und Gewicht des bearbeiteten Läufers 38,2 t. ▶

Erhebliche Anforderungen an das Können der Groß-
schmiede stellen wegen der ständig wachsenden
Abmessungen und Gewichte die Wellen von Wasser-
turbinen. Die Herstellung dieser, durch ihre Größe
immer wieder auffallenden Stücke setzt voraus, daß das
Schmiedewerk mit ausreichenden großen Schmiedepressen
und die Bearbeitungswerkstatt mit Bearbeitungs-
maschinen der erforderlichen Leistungsfähigkeit aus-
gestattet sind. Tafel 7 zeigt eine aus der Läuferwelle
und der generatorseitigen Welle zusammengesetzte zwei-
teilige Wasserturbinenwelle bei der Fertigbearbeitung.
Flanschdurchmesser der Wellen 1981 und 1892 mm
sowie 1917 und 1866 mm. Wellendurchmesser 1130 mm,
Durchmesser der Lagerstelle 1537 mm. Gesamte Länge
der kombinierten Welle 14 770 mm, Fertiggewicht
der Wellenteile 68,3 t bzw. 83 t. ▶

Tafel 8:
Hohlgeschmiedeter Hochdruckmantel

Diese Tafel zeigt nochmals einen nahtlos hohlgeschmie-
deten Mantel eines Reaktionsgefäßes für die Hochdruck-
chemie. Die Betriebsbedingungen, 300 atü Druck und
200° C Temperatur, erfordern die Verwendung eines
mit etwa 1 % Cr und 0,30 % Mo legierten, warmfesten
Sonderstrahles. Der 16 400 mm lange Mantel
mit einem Fertiggewicht von 66 t wurde aus einem
Rohblock von 180 t Gewicht hergestellt. Der Mantel
wird mittels Schraubenverbindung durch einen
geschmiedeten Deckel verschlossen.

▼

Tafel 9:
Zyklotron-Magnet

Forschungsanlagen auf dem Gebiet der Atom-Kern-
physik müssen u. a. mit Magneten großer Abmessungen
ausgerüstet werden. Derartige Magnete werden aus
mehreren großen Schmiede- und Gußstücken aufgebaut.
Dieser Verwendungszweck bedingt Anforderungen an
Reinheitsgrad und Gleichmäßigkeit der großen
Werkstücke sowie Genauigkeit der Bearbeitung, wie sie
bislang kaum gestellt wurden. Für die Stahlauswahl
ist die erforderliche hohe elektromagnetische Sättigung
und kleine Koerzitivkraft bestimmend. Tafel 9 zeigt
einen aus zwei Horizontaljochen und zwei Mitteljochen
zusammengebauten Zyklotron-Magneten.

Tafel 10:
Walzenständer für Quarto-Blechwalzwerk

Die im Zuge der Leistungssteigerung wachsende Größe
der Grobblechwalzwerke führt zu ständig zunehmenden
Abmessungen und Gewichten der für die Walzgerüste
erforderlichen Gußstücke. Dadurch steigern sich die
Anforderungen an die Gießerei, und das Fertigungsrisiko
nimmt zu. Die zur Reduzierung des Gasgehaltes
durchgeführte Vakuumbehandlung des Stahles bedeutet
eine Erleichterung für die Gießerei, die diese schweren
Stücke abgießen muß. Tafel 10 zeigt einen Ständer
für ein Quarto-Grobblechwalzwerk mit einem Gießgewicht von 350 t. Fertiggewicht des Ständers 215 t.

Erhebliche Anforderungen an Gießtechnik und Bearbeitung stellen auch die Gußstücke für den Seeschiffbau,
deren Abmessungen und Gewichte mit den wachsenden
Größen besonders der Tanker zunehmende Tendenz
aufweisen. Tafel 11 vermittelt einen Eindruck eines
solchen Stückes. Es handelt sich um ein Steven-Hauptteil
mit den Abmessungen 7084 x 6390 x 2500 mm und
einem Gewicht von 117 t. Der Steven ist aus drei
Einzelteilen, dem Mittelteil, dem Nabenteil und dem
Unterteil, aufgebaut. Es sei am Rande vermerkt,
daß auch der Transport dieser sperrigen Teile
besondere Probleme aufwirft.

Ebenfalls als Besonderheit auf dem Gebiet der Gießtechnik sind die Läufernaben von Kaplan-Wasserturbinen
zu betrachten. Tafel 12 zeigt eine solche Nabe, die aus
einem mit ca. 1,20 % Mn legierten Sonderstahl
abgegossen wurde. Gießgewicht 150 t, Rohgewicht 91 t. ▶

Auf dieser Tafel sind ausgesprochen höchstwertige Sondererzeugnisse aus dem großen Gebiet der Werkzeugfertigung zu sehen. Es handelt sich um Walzen für das Dressiergerüst einer Tandem-Kaltwalzstraße. Kaltwalzen werden aus mit Cr, Mo und V legierten Sonderstählen geschmiedet, unterliegen einer besonderen und ständig kontrollierten Wärmebehandlung und werden zur Erzielung der Gebrauchshärte induktiv auf eine Oberflächenhärte von 95–100° Shore gehärtet sowie anschließend feinstgeschliffen. Die zur Verwendung kommenden Stähle müssen mit größter Sorgfalt erschmolzen und verarbeitet werden. Die Fertigung unterliegt ständiger Kontrolle, da nur dadurch die erforderliche Güte des Erzeugnisses gesichert werden kann. Auch auf diesem Gebiet bedeutet die Verwendung des vakuumbehandelten Stahles einen wesentlichen Schritt vorwärts im Bestreben, ein betriebssicheres Werkstück mit wirtschaftlich vertretbarem Risiko herzustellen.

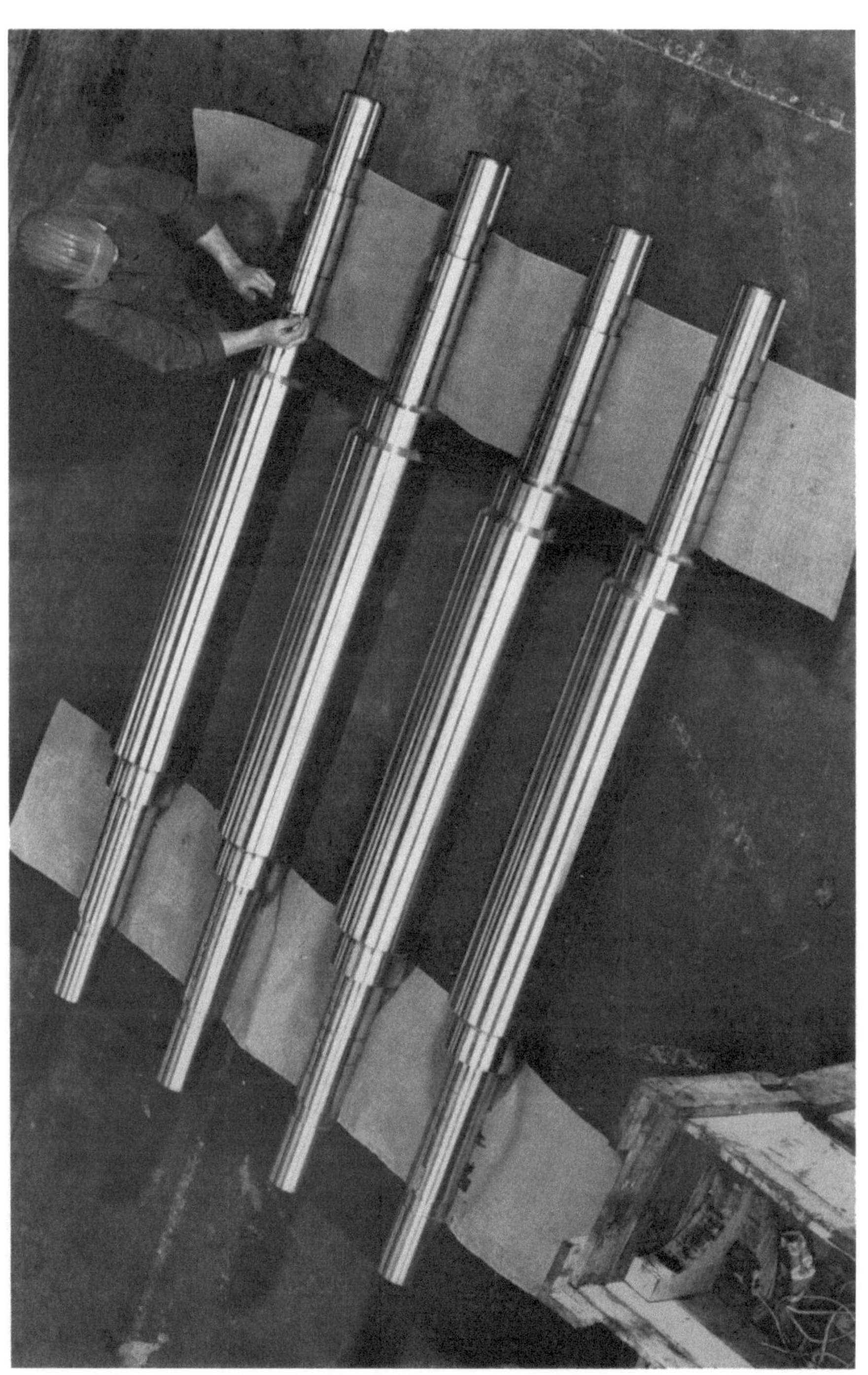

Diskussion

Professor Dr.-Ing., Dr.-Ing. E. h. Hermann Schenck

Herr Kollege Spolders hat schon angedeutet, daß ein wesentlicher Impuls für die Entwicklung dieser Vakuumverfahren von der Notwendigkeit ausgegangen ist, die Flocken zu beseitigen. Es ist vielleicht hier nicht allgemein bekannt, was Flocken sind. Flocken sind intrakristalline Risse in den metallischen Werkstücken; sie treten nach dem Bruch in runder oder ovaler Form zutage in Abmessungen mehrerer Millimeter bis zur 5-Markstückgröße; wir haben auch schon welche gesehen, die noch größer waren. Lange Zeit war es völlig ungeklärt, worauf diese Erscheinung zurückzuführen sei, die früher gänzlich unbeherrschbar erschien.

Es ist vielleicht ganz lehrreich, einmal aufzuzeigen, wie es uns seinerzeit bei der Firma Krupp gelungen ist, hinter dieses merkwürdige Phänomen zu kommen und den heute unbestrittenen Zusammenhang zwischen dem Wasserstoffgehalt und dem Auftreten der Flocken herzustellen. Wir waren ein kleines Team in der Versuchsanstalt, und der von mir hochverehrte Herr Professor Goerens, der damalige technische Leiter der Firma Krupp, ließ uns freie Hand zu forschen, soviel wir wollten. Geld spielte dabei überhaupt keine Rolle. Ich suchte mir damals das Problem heraus, wie man wohl am besten die Gasblasen im Stahl oder den „Schweizer Käse", wie wir ihn nennen, vermeiden könne und richtete meine Aufmerksamkeit vor allem auf die Wasserstofflöslichkeit; denn Kohlenoxyd konnte in desoxydierten Stählen nicht zu Blasen führen, weil sein Entwicklungsdruck dabei praktisch auf Null herabgesetzt ist. Wir hatten uns also die Aufgabe gestellt, das von Herrn Kollegen Winterhager bereits angeführte Sievertssche Quadratwurzelgesetz, nämlich $(H) = \sqrt{P_{H_2}}$, einmal zu untersuchen. Darin ist (H) der Wasserstoffgehalt des Metalls, das im Gleichgewicht mit einer Gasphase vom Partialdruck P_{H_2} steht. Wir wollten untersuchen, wie die temperaturabhängige Konstante K von der Zusammensetzung des Metalls beeinflußt wird – Sieverts hatte das für reines Eisen untersucht – und wollten wissen, wie die anderen Begleitelemente, die man dem Stahl zufügt, die Konstante veränderten. Nach einiger Zeit hatten wir uns eingeschossen und wußten, daß dieses K für flüssigen Stahl bei 1600° C einen Wert in der Größenordnung von etwa 30 hat, wenn man den Gehalt in ccm H_2/100 g Metall und den Partialdruck in Atmosphären angibt. Damit war der Wasserstoffgehalt festgelegt, der bei 1 Atm oder bei einem anderen Partialdruck im Stahl beständig sein könnte. Aus Messungen am Erstarrungspunkt konnte man weiterhin entnehmen, wie tief der Wasserstoffgehalt zu halten sei, damit Wasserstoffblasen bei der Erstarrung des flüssigen Stahls nicht mehr auftreten konnten.

Nun wurden die Gedanken auf die Frage gerichtet: Was passiert eigentlich mit dem Wasserstoff, der in dem erstarrten Stahl noch gelöst verbleibt? Wir suchten die Antwort durch Anwendung eines ganz primitiven Mittels, nämlich die Umformung der vorstehenden Gleichung auf $P_{H_2} = \dfrac{(H)^2}{(K)^2}$. Durch Sieverts war bekannt, daß K mit erniedrigter Temperatur sehr schnell heruntergeht. Wir stellten dann fest, daß diese Größe, wenn die Temperatur vom Erstarrungspunkt auf etwa 100 Grad heruntergeht, auf etwa den tausendsten Teil fällt. Das bedeutet nichts anderes, als daß der Druck, mit dem sich ein bestimmter Wasserstoffgehalt im Metall in Lösung halten läßt, bei einer Temperaturerniedrigung von 1500 Grad auf 100 Grad auf etwa das Millionenfache ansteigt.

Diese Messungen und Gedankengänge führten eigentlich zwangsläufig zu der Aussage, daß der gelöst verbliebene Wasserstoff im Kristallgitter Spannungen hervorrufen müsse, die denen des Entwicklungsdruckes äquivalent seien. Die Umrechnung dieser Drücke führte zu dem Ergebnis, daß die Spannungen die Festigkeit des Werkstoffs überschreiten können, was den Zusammenhang des Materials natürlich in Frage stellen muß.

Als ein Glücksfall trafen sich diese Überlegungen zeitlich mit einer Unterhaltung mit dem Betriebsleiter eines der Stahlwerke, einem sehr scharfen Beobachter, der mir sagte, er habe bei schlechtem Wetter oft Schwierigkeiten, guten Stahl zu machen. Nun lagen die Ideenverbindungen nicht mehr weit, daß bei schlechtem Wetter ein hoher Feuchtigkeitsgehalt der Luft, Feuchtigkeit im Kalk und anderen Zuschlägen die Voraussetzungen für einen hohen Wasserstoffübergang in den Stahl geben müßten, womit sich die Fehlschläge erklären lassen könnten. So war es auch tatsächlich. Die zunächst mit skeptischer Heiterkeit aufgenommene Mitteilung von den klimatischen Schwierigkeiten im Stahlwerk wurde dann doch sehr ernst genommen. Die Firma Krupp ließ sich davon überzeugen, daß der Wasserstoffgehalt die Ursache der bis dahin unerklärlichen Flockenerscheinungen sei, und diese Überzeugung ist inzwischen Allgemeingut geworden. Daraus haben sich dann später die Vakuum-Verfahren entwickelt, über die Herr Kollege Spolders soeben sprach und die besonders bei den Erzeugern, die für große Schmiedestücke in Frage kamen, also beim Bochumer Verein, bei der Dortmund-Hörder-Hüttenunion, auf der Heinrichshütte u. a. entwickelt und ausgebaut wurden.

Besonders schwerwiegend war die Flockenfrage aus dem Grunde, weil man die besten und teuersten Verfahren wählte, um dieser Erscheinung Herr zu werden. Man ging vielfach auf Elektrostahl über, ohne die Gefahr zu erkennen, daß die Elektroöfen unter Umständen besonders gute Voraussetzungen für den Übergang von Wasserstoff mitbringen, so daß damit die Schwierigkeiten noch vergrößert wurden.

Ich wollte Ihnen nur zeigen, wie ein technischer Fortschritt, eine Verminderung des Wagnisses infolge Erhöhung der Fabrikationssicherheit und damit auch eine Rettung wirtschaftlicher Güter dadurch zustande kam, daß ein großzügig denkendes Unternehmen und dessen verständnisvoller Leiter der Forschung keine Bindungen anlegten.

Staatssekretär Professor Dr. h. c., Dr.-Ing. E. h. Leo Brandt

Ich danke Ihnen sehr, Herr Kollege Schenck. Es ist von großem Wert, aus der Pionierzeit solch bedeutender Entwicklungen zu hören. Wie war es denn früher mit den Schmiedestücken, in denen Flocken waren? Wurden diese weggeworfen?

Professor Dr.-Ing., Dr.-Ing. E. h. Hermann Schenck

Man hatte die Erfahrung gemacht, daß man die Stücke durch langzeitiges Glühen oder ganz langsames Abkühlen retten konnte, indem man dem Wasserstoff die Möglichkeit gab, aus dem Werkstück herauszudiffundieren. Herr Spolders gab vorhin Glühzeiten von sechs Wochen an.

(Professor Dr. *Spolders:* 4000 Stunden waren das Minimum!)

Diese schweren Stücke lagen unter ganz langsamer Abkühlung vier Wochen, sechs Wochen, 4000 Stunden. Man bemühte sich, so vorsichtig wie möglich zu arbeiten und mußte dann bei der anschließenden Untersuchung die Feststellung machen, daß die Stücke doch noch Flocken hatten, ein nicht seltener Fall. Dann war nicht nur ein großer Aufwand an Geld vertan, es war auch das Vertrauen der Besteller vertan, die ihrerseits nun mit der Nichteinhaltung ihrer Liefertermine unter Umständen weite Kreise (z. B. Stromwirtschaft) enttäuschen mußten. So war es also ein sehr notwendiger Entschluß, durch Verwendung der Vakuum-Entgasungsverfahren ein bedeutendes Risikoelement aus der Fabrikationstechnik des Stahls auszuschalten.

Professor Dr.-Ing. Rudolf Spolders

Ergänzen möchte ich hierzu, daß gleichzeitig mit diesen Überlegungen zur Deutung und Verminderung der Flocken Untersuchungen Bedeutung gewannen, wie der Wasserstoff im Stahl einwandfrei beseitigt werden könnte. Auf diesem Gebiet wurden viele Arbeiten durchgeführt, die fast ebenso viele Analysenmethoden ergaben. Die Vergleichbarkeit der Wasserstoffwerte wurde außerdem durch den Einfluß verschiedener Probenahmeverfahren beeinträchtigt.

Der Chemikerausschuß im Verein Deutscher Eisenhüttenleute hat die verschiedenen Proben- und Analysenverfahren in der Praxis auf ihre Anwendungs- und Vergleichsmöglichkeit hin überprüft. Erst durch diese Arbeiten konnten Proben- und Analysenverfahren zur Wasserstoffbestimmung festgelegt werden, die vergleichbare Wasserstoffkonzentrationen ergeben. Auf dieser Grundlage sind auch internationale Gespräche und Vergleiche möglich geworden.

Professor Dr. phil. Franz Wever

Ich möchte zwei Bemerkungen machen. Eine ganz laienhafte: Es ist doch eigentlich erstaunlich, wie lange es gedauert hat, bis man zu diesem Verfahren gekommen ist. Leistungsfähigere Vakuumpumpen wurden seit 1900 entwickelt, und die metallurgischen Grundgesetze, die diesem Verfahren zugrunde liegen, waren zu dieser Zeit auch bekannt. Es hat also zwei Generationen gedauert, bis die Entwicklung soweit war, daß man diesen Grundgedanken in die Praxis umsetzen konnte.

Noch eine andere Bemerkung: Mir scheint es so, daß die Entgasung des Stahles durch diese Verfahren weitgehend erreicht wird und daß damit alle

Fehler, die dem Stahl durch seinen Gasgehalt anhaften, beseitigt sind. Aber noch nicht beseitigt sind die Nachteile, die dem Stahl durch seinen Gehalt an nichtmetallischen Einschlüssen anhaften. Durch die starke Bewegung des Stahles, die Sie mit Ihrem Spülgas erzielen, werden Sie sicher eine sehr weitgehende Koagulation und damit eine erleichterte Abscheidung der Schlacken und nichtmetallischen Einschlüsse bewirken – das zeigte ein Bild, das Sie vorgeführt haben. Das gilt aber doch wohl nur bis zu einem gewissen Grade, und einen nicht unerheblichen Teil der Schlacke rühren Sie durch diese starke Bewegung gerade erst recht in feinverteilter Form in den Stahl hinein. Müßte man nicht an dieser Stelle versuchen weiterzukommen? Und würde man dann nicht vielleicht noch eine wesentliche weitere Verbesserung des Stahles erzielen können?

Professor Dr.-Ing. Rudolf Spolders

Sie haben recht, daß bereits um 1900 verschiedene Arten Vakuumpumpen auf dem Markt waren. Sie hatten aber nicht die Saugleistungen, die zur Evakuierung großer Schmelzeinheiten erforderlich sind. Wenn Sie jedoch berücksichtigen, daß heute Vakuumpumpen mit Saugleistungen zwischen 200 000 – und wie eben erwähnt wurde und mir auch bekannt ist – einer Million m³/h gebaut werden, dann erkennen Sie, daß die früheren Versuche praktisch nur Laboratoriumscharakter haben konnten und sich mit der Entgasung einiger Kilogramm Stahl begnügen mußten. Die Entwicklung großer Vakuumpumpen ist tatsächlich erst eingetreten, als der Bochumer Verein im Jahre 1950 den Gedanken der Stahlentgasung großtechnisch ausgeführt hatte. Bei diesen Versuchen mußte man sich noch mit recht kleinen Pumpen begnügen. Im Jahre 1955 wurde im Hauptvortrag des Eisenhüttentages über diese besondere Leistung vorgetragen. Noch zu der Zeit wären Forderungen nach wesentlich größeren Pumpenkapazitäten von seiten der Konstrukteure – wie die Herren von der Pumpenseite sicherlich bestätigen können – als undurchführbar angesehen worden.

Bezüglich der Koagulation der suspendierten nichtmetallischen Einschlüsse möchte ich erwähnen, daß sie tatsächlich bei der heftigen Bewegung des Stahles eintritt und über die Vakuumdesoxydation hinaus zu einer Verbesserung des Reinheitsgrades führt. Der umgekehrte Vorgang, ein Hineinrühren von Schlacketeilchen, ist nicht beobachtet worden.

Professor Dr.-Ing., Dr. h. c. Herwart Opitz

Zum Problem der Bearbeitung von Stählen in Verbindung mit nicht-metallischen Einschlüssen möchte ich aus den Forschungsarbeiten meines Institutes noch einiges berichten.

Bei der Bearbeitung von Werkstoffen gleicher Normbezeichnung, Erschmelzungsart und vergleichbaren Festigkeiten mit ein und demselben Werkzeug können Unterschiede in der Standzeit im Verhältnis 1 : 3, in ungünstigen Fällen sogar bis 1 : 10 auftreten. Die Untersuchungen zur Ermittlung der Ursachen für dieses unterschiedliche Zerspanungsverhalten zeigten, daß die beim Ablauf des Spanes über die Spanfläche der Werkzeuge in einer dünnen Schicht an der Spanunterseite entstehende Austenitphase je nach Umwandlungsverhalten des zerspanten Werkstoffes sehr unterschiedlich sein kann. Da die entstehende Austenitphase ihrerseits maßgeblich das Reaktionsvermögen mit dem Schneidstoff und damit den Verschleiß bestimmt, wird der Kolkverschleiß der Werkzeuge stark durch die Austenitbildung der zu bearbeitenden Schmelze bestimmt.

Daneben wirken sich nichtmetallische Einschlüsse ebenfalls auf die Standzeiten der Werkzeuge aus. Es gibt Werkstoffe, bei deren Bearbeitung mit Hartmetall-Werkzeugen eine Fremdschicht aus oxydischen Bestandteilen auf der Span- und teilweise auch auf der Freifläche beobachtet werden kann. Das Auftreten dieser Schichten kann dazu führen, daß jeglicher Verschleißangriff auf das Werkzeug unterbunden wird. In eingehenden Untersuchungen ließ sich nachweisen, daß die Ursachen zur Bildung dieser verschleißhemmenden Schicht in einem bestimmten Einschlußtyp des Stahles zu suchen sind. Der Nachweis von Elementen, die bei der Desoxydation der betreffenden Schmelze verwendet werden, zeigt eindeutig, daß es möglich ist, durch eine bestimmte Erschmelzung sehr deutlich auf die Zerspanbarkeit der Stähle einzuwirken.

Zu diesen Erkenntnissen führte eine enge Zusammenarbeit mit Stahlwerken und auch dem Verein Deutscher Eisenhüttenleute. Außerdem waren diese Erkenntnisse nur durch die großzügige Unterstützung eines Industriewerkes möglich, das uns einige Untersuchungen mit einer Elektronensonde ermöglichte. Bei dieser Gelegenheit konnte erneut unter Beweis gestellt werden, daß derartige Untersuchungen nur dann erfolgreich weitergeführt werden können, wenn den Instituten die entsprechenden Geräte, wie z. B. die Elektronensonde zur Verfügung stehen.

Und ich glaube, daß wir gerade auf dem Gebiet der nichtmetallischen Einschlüsse noch sehr interessante Möglichkeiten für eine Verbesserung der Bearbeitbarkeit der Stähle erwarten können.

Dipl.-Ing. Adolf Sickbert

Herr Professor Spolders hat einen geschichtlichen Überblick über die bisher angewendeten Verfahren zur Vakuumbehandlung von Stahl gegeben. Ich möchte in diesem Zusammenhang erwähnen, daß im letzten Jahre ein neues Verfahren entwickelt worden ist, das einige Unschönheiten und Schwierigkeiten der alten Verfahren vermeidet. Insbesondere gestattet dieses Verfahren, auf einfachste Weise das Ziel des Stahlwerkers zu erreichen, den Stahl *un*beruhigt abzustechen und die Desoxydation über die Vakuumbehandlung in der Gasphase vor sich gehen zu lassen. Dieses Verfahren ist die „Abstichentgasung".

Wir stechen also die Schmelze direkt unter dem Abstich des Ofens in eine vakuumdichte Pfanne ab. Hierbei wird der Stahl beruhigt oder auch unberuhigt bei geringem Druck mit der großen Oberfläche der Gießstrahlentgasung einer Vakuumbehandlung unterworfen. Dabei erreicht man über die Gasphase eine gute Desoxydation mit allen Vorteilen, die Herr Professor Schenck in seinen theoretischen Ausführungen vor mehr als zwanzig Jahren schon herausgefunden hat. Der entgaste Stahl kann hinterher noch beruhigt werden, z. B. mit Silicium, Aluminium usw.; dabei ergeben sich sehr nette Anwendungsmöglichkeiten, z. B. wie der Herr Vorredner gesagt hat, mit der Möglichkeit, die Größe der Einschlüsse zu beeinflussen und eine bestimmte Korngröße zu erreichen.

Nach diesem Verfahren kann man auch schwere Schmiedestücke bei sehr niedrigen Drücken vergießen, wobei man zuerst den Stahl *un*beruhigt während des Abstiches einer Abstichentgasung unterwirft und ihn dann ein zweites Mal in bekannter Weise in einem großen Vakuumkessel vergießt, wie es Herr Professor Spolders geschildert hat. Beim Vergießen in der zweiten Stufe unter Vakuum geht man von dem niedrigeren Gas-, Sauerstoff- und Stickstoffniveau aus, das noch bei der ersten Vakuumbehandlung verblieben ist. Auf diese Weise wird es möglich, mit verhältnismäßig kleinen mechanischen Pumpeinheiten ein sehr niedriges Vakuum zu erzielen. Bei dem gleichen mechanischen Pumpsatz erreicht man Drücke, die beim zweiten Guß etwa eine Zehner-Potenz niedriger liegen.

Professor Dr.-Ing. Rudolf Spolders

Die Entwicklung der Stahlentgasung und zwar die Anwendung neuartiger Verfahren und die wirtschaftliche Anwendung für verschiedene
Stahlgruppen ist keineswegs abgeschlossen, wie ich es bereits im Vortrag
erwähnt habe. Ich bin sicher, daß gerade auf diesem Gebiet noch große
Erfolge zu erringen sind. Die verschiedenen Verfahren müssen u. a. so weiterentwickelt werden, daß auch in kleineren Stahlwerken bzw. Stahlgießereien
ein Stahlentgasungsverfahren angewendet werden kann.

Dipl.-Ing. Adolf Sickbert

Ich hätte das neue Verfahren nicht erwähnt. Nachdem aber schon einige
tausend Tonnen auf diese Weise behandelt worden sind und wir sicher sind,
daß es betriebsreif ist, kann man jetzt wohl darüber sprechen.

Professor Dr. agr. Hans Braun

Ich möchte nur noch einmal die Reminiszenz von Herrn Schenck unterstreichen, daß hier, wie er mir eben bestätigt hat, ein einfacher Praktiker
die Beziehung zwischen der Flockenbildung und der Schlechtwetterlage
erkannte. Für mein Gebiet betone ich den Studenten gegenüber immer wieder, sie sollten nicht in der Theorie steckenbleiben, sondern sehr genau auf
das hören, was ihnen der Bauer sagt. Für mich war das ein sehr gutes Beispiel, das wieder einmal unterstreicht, wie eng Wissenschaft und Praxis
zusammenhängen.

Dipl.-Ing. Adolf Sickbert

Ich möchte die Angaben von Herrn Professor Schenck noch auf eine
andere Weise ergänzen. Als vor dem Kriege zuerst im Elektro-Ofen Kugellagerstahl in größeren Mengen erzeugt wurde, hatte man mit den Walzknüppeln allerlei Schwierigkeiten und ziemlich viel Flocken. Auswertungen
nach den verschiedensten metallurgischen Richtlinien brachten eigentlich
nichts, bis jemand den Einfall hatte, einmal nach Jahreszeiten auszuwerten.
Dabei handelte es sich um einige hundert Schmelzen. Und siehe da: Die

meisten Flocken gab es im August, in dem Monat nämlich, in dem der
höchste Feuchtigkeitsgehalt der Luft festgestellt worden war. Als später
bei der Wetterstation nachgefragt wurde, stellte es sich heraus, daß in der
betreffenden Zeit viele Gewitter waren.

Professor Dr.-Ing. Rudolf Spolders

Ich möchte hierzu noch eine kleine Ergänzung geben. Bei dem Besuch
eines kanadischen Stahlwerkes erklärte mir der dortige Stahlwerkschef,
daß er Schwierigkeiten bei der Stahlherstellung habe, wenn der Wind vom
See her, an dem das Stahlwerk liegt, in Richtung Stahlwerk wehe. Später
habe man festgestellt, daß der Stahl dann tatsächlich einen höheren Gehalt
an Wasserstoff enthält.

SONDERVERÖFFENTLICHUNGEN

MIX
Papier aus verantwortungsvollen Quellen
Paper from responsible sources
FSC® C105338

If you have any concerns about our products,
you can contact us on
ProductSafety@springernature.com

In case Publisher is established outside the EU,
the EU authorized representative is:
Springer Nature Customer Service Center GmbH
Europaplatz 3, 69115 Heidelberg, Germany

Printed by Libri Plureos GmbH
in Hamburg, Germany